LE PHYLLOXERA

ET

LA NOUVELLE MALADIE DE LA VIGNE

ÉTUDE COMPRENANT

1° LE RAPPORT DE LA COMMISSION

NOMMÉE PAR LA SOCIÉTÉ DES AGRICULTEURS DE FRANCE POUR ÉTUDIER LA NOUVELLE MALADIE
DE LA VIGNE

PAR M. L. VIALLA

2° DES NOTES ENTOMOLOGIQUES

SUR LE PHYLLOXERA VASTATRIX

Pour faire suite au Rapport de M. Vialla

PAR MM. J.-E. PLANCHON ET J. LICHTENSTEIN

PRIX : 1 FR.

MONTPELLIER
C. COULET, Libraire-Éditeur
Libraire de la Faculté de Médecine et de l'Académie des Sciences et Lettres
Grand'-Rue, 5

PARIS
LIBRAIRIE AGRICOLE DE LA MAISON RUSTIQUE
26, rue Jacob

1869

LE PHYLLOXERA

ET

LA NOUVELLE MALADIE DE LA VIGNE

Montpellier. — Typographie de PIERRE GROLLIER, rue du Bayle, 10.

LE PHYLLOXERA

ET

LA NOUVELLE MALADIE DE LA VIGNE

ÉTUDE COMPRENANT

1° LE RAPPORT DE LA COMMISSION

NOMMÉE PAR LA SOCIÉTÉ DES AGRICULTEURS DE FRANCE POUR ÉTUDIER LA NOUVELLE MALADIE
DE LA VIGNE

PAR M. L. VIALLA

2° DES NOTES ENTOMOLOGIQUES

SUR LE PHYLLOXERA VASTATRIX

Pour faire suite au Rapport de M. Vialla

PAR MM. J.-E. PLANCHON ET J. LICHTENSTEIN

PRIX : 1 FR.

MONTPELLIER
C. COULET, Libraire-Éditeur
Libraire de la Faculté de Médecine et de l'Académie des Sciences et Lettres
Grand'-Rue, 5

PARIS
LIBRAIRIE AGRICOLE DE LA MAISON RUSTIQUE
26, rue Jacob

1869

RAPPORT

DE LA COMMISSION NOMMÉE PAR LA SOCIÉTÉ DES AGRICULTEURS DE FRANCE

POUR ÉTUDIER

LA NOUVELLE MALADIE DE LA VIGNE

La Commission nommée par la Société des Agriculteurs de France, pour étudier la nouvelle maladie de la vigne, a rempli, du 9 au 18 juillet dernier, la mission qui lui avait été confiée. Malgré les grandes chaleurs qui ont régné à cette époque, elle a parcouru toute la rive gauche du Rhône, depuis Orange jusqu'à la Crau, et toute la partie de la rive droite qui constitue le canton de Roquemaure, ayant soin de visiter partout les vignobles les plus attaqués et d'interroger les hommes les mieux informés. Arrivée à la fin de ses explorations et croyant sa tâche terminée, elle apprit que le département de la Gironde était atteint, lui aussi, par la maladie nouvelle; elle partit immédiatement pour Bordeaux, et elle eut la douleur de trouver dans des vignes de palud, situées sur la rive droite de la Gironde, tous les symptômes et tous les funestes effets du mal qu'elle venait d'étudier. Dans cette longue exploration faite aux deux extrémités de la France, la Commission a trouvé partout l'accueil le plus sympathique. Chargé de rendre compte de sa mission, je suis sûr d'être son fidèle interprète en remerciant en son nom toutes les personnes qui ont bien voulu lui venir en aide avec tant d'empressement et de cordialité, dans le Comtat, dans la Provence, dans le Gard et dans le Bordelais.

M. le vicomte de la Loyère a déjà fait connaître les changements que la Commission avait subis dans sa composition. Trois de ses membres, MM. Duchartre, Grandeau et Fournier s'étaient excusés à l'avance. M. de Gasparin, dont le concours lui aurait été si utile, lui fit défaut; mais la Commission avait usé de l'autorisation qui lui avait été donnée de s'adjoindre de nouveaux membres, et quand elle se réunit à Orange le 9 juillet, elle se trouva composée de M. le vicomte de la Loyère, président de la section de viticulture de la Société; M. Gaston Bazille, vice-président de la même section; M. le docteur F. Cazalis, directeur du *Messager agricole*; M. le comte de Lavergne, président de la Commission des vignes de la Société d'Agriculture de Bordeaux; M. Lichteinstein, membre de la Société d'Agriculture de l'Hérault; M. Henri Marès, secrétaire perpétuel de la Société d'Agriculture de l'Hérault, correspondant de l'Institut; M. de Parseval, membre de la Société de viticulture de Mâcon; M. Planchon, professeur à la Faculté des Sciences de Montpellier; M. Sahut, membre de la Société d'Agriculture de l'Hérault; M. le baron

Thénard, membre de l'Institut; M. L. Vialla, président de la Société d'Agriculture de l'Hérault. M. le vicomte de la Loyère fut immédiatement nommé président de la Commission et M. Gaston Bazille, vice-président.

Il ne sera peut-être pas sans intérêt de dire ici que les membres de la Commission venus de l'Hérault s'arrêtèrent, en se rendant à Orange, au village de Redessan, situé sur le chemin de fer de la Méditerranée, à 11 kil. de la ville de Nimes, pour s'assurer si cette localité était réellement atteinte par la maladie, ainsi que M. Anès, de Tarascon, l'avait annoncé. La nouvelle n'était que trop vraie. M. Roux, maire de la commune, conduisit les membres de la Commission dans une vigne encore jeune et plantée de divers cépages, dont le sol, d'assez bonne qualité, quoique mêlé de cailloux roulés, faisait croire, par sa couleur un peu noirâtre, à l'existence d'un ancien marais. Tous les symptômes de la maladie s'y trouvaient réunis de la manière la plus caractéristique : centre d'attaque, composé de souches mortes ou sur le point de mourir, feuilles jaunes, sarments rabougris, racines pourries, pucerons en abondance. Le propriétaire, interrogé sur ce qui s'était passé dans sa vigne, répondit qu'il avait vu, l'an dernier, 5 ou 6 ceps d'un aspect assez maladif et qu'il avait attribué leur mauvais état à un coup de tonnerre. Toute la parcelle est prise cette année, et l'on compte de plus, dans cette commune, 3 ou 4 hectares attaqués. Le village de Redessan sera désormais un point intéressant à étudier. Il est l'avant-garde de la maladie dans sa marche vers le sud-ouest de la vallée du Rhône; on sait comment le mal y a pris naissance l'an dernier, on a constaté les progrès qu'il a faits depuis cette époque. On pourra, par conséquent, suivre d'une manière précise ses développements ultérieurs. La Commission fut informée de ces faits, elle ne jugea pas à propos de les vérifier elle-même une seconde fois.

Dès qu'elle fut réunie à Orange, la Commission assista à une séance de la Société d'Agriculture de cette ville, dans laquelle on agita plusieurs questions relatives à la maladie de la vigne. Le lendemain, 10 juillet, elle commença ses explorations, accompagnée par M. Monnier-Vinard, président de la Société d'Agriculture d'Orange, et par MM. Ripert et L. Desplans, membres très-actifs et très-éclairés de cette Société et fort au courant tous les deux de tout ce qui concerne la maladie de la vigne.

L'itinéraire qu'elle devait suivre avait été réglé à l'avance par les soins de son vice-président, M. Gaston Bazille, qui connaissait déjà les lieux pour les avoir visités l'année dernière. Toutes les mesures avaient été si bien prises par lui, tout avait été si bien prévu, qu'elle trouva partout où elle se rendit des gîtes préparés, des voitures commandées, et les propriétaires des domaines qu'elle devait visiter prévenus de son arrivée. Elle ne perdit pas un moment.

Environs d'Orange.

L'arrondissement d'Orange, que la Commission allait d'abord parcourir, a été le point le plus maltraité de la vallée du Rhône. Sur 10,881 hectares de vignes qu'il possédait, plus de 3,600 ont été frappés par la maladie nouvelle. Il est vrai de dire qu'on ne trouve nulle part des conditions plus favorables à son développement. Ce vaste territoire contient d'immenses dépôts de cailloux siliceux, et beaucoup de bois défrichés, sur lesquels on a planté des vignes sans faire des défoncements suffisants. Les cultures qu'on donne dans le pays ne sont, en général, ni assez profondes ni assez fréquentes; les fumures sont rares et le soufrage n'est pas assez pratiqué. Ce dernier défaut est, du reste, général dans toute la vallée du Rhône. Le Grenache, l'Espar et la Clairette sont les cépages les plus répandus, mais le Grenache est celui qui domine; il convient assez bien par sa puissante végétation à ces terrains ingrats, mais il a le grave inconvénient d'être trop facilement atteint par la maladie. Dans ces conditions défavorables, dans ces terrains pierreux, maigres, secs, mal défoncés et médiocrement cultivés, la vigne n'a pas la force de se défendre. Ses racines, plus étalées que profondes, sont rapidement envahies; la maladie marche au pas de course, et il arrive alors que des domaines entiers sont complétement emportés dans l'espace de quelques mois.

La première visite de la Commission fut pour le domaine du Grand-Bouïgard, situé dans la commune de Sérignan, à quelques kilomètres de la ville d'Orange. Ce domaine, qui appartient à M. le comte de Serre, a obtenu une médaille d'or au concours régional d'Avignon en 1866; il renfermait l'année dernière 60 hectares de vignes plantées sur des terrains de différente nature, les uns bons, les autres mauvais. Les premiers symptômes

Domaine du Grand-Bouïgard.

de maladie se montrèrent en 1866, au Grand-Bouïgard, dans les endroits humides. Le mal fit de très-grands progrès en 1867, il prit l'année dernière des proportions désolantes. Toutes les vignes de M. de Serre ne sont pourtant pas perdues : celles qui étaient plantées sur des terrains pierreux, sur des bois défrichés, sont déjà arrachées, quoique le sol eût été défoncé avec soin et à une assez grande profondeur; celles qui étaient placées sur des terrains de meilleure qualité se sont mieux défendues, mais leur résistance a été très-inégale; les unes donneront encore une modeste récolte, d'autres au contraire n'avaient encore au mois de juillet que des sarments chétifs de 20 à 30 centimètres de long. Le puceron, si connu aujourd'hui sous le nom de *Phylloxera vastatrix* se trouvait sur toutes les racines examinées. La chaux caustique, le plâtre, le sulfate de fer ont été essayés au Grand-Bouïgard; aucune de ces substances n'a donné de bons résultats. M. de Serre, voulant savoir jusqu'à quel point la maladie actuelle est contagieuse, eut l'idée, au mois d'août de l'année dernière, de mettre des racines couvertes de pucerons en contact avec les racines encore intactes de deux magnifiques pieds de Grenache plantés devant le château, sur des terres rapportées; l'inoculation avait très-bien réussi, les deux ceps avaient des pucerons sur leurs racines, mais leur végétation était encore fort belle quand la Commission les a examinés.

Commune de Sérignan. En quittant le domaine de M. de Serre, la Commission vit les vignes ruinées de M. Rebic, puis elle traversa une longue zone de terrains caillouteux de très-mauvaise qualité ; l'aspect de tous les vignobles qu'elle trouva sur la route était vraiment lamentable. En sortant du village de Sérignan, où elle avait reçu l'hospitalité chez M. Fernand Michel, membre de la Société d'Agriculture d'Orange, elle s'arrêta sur une vigne de M. Biscarrat, fort malade, disait-on, l'année dernière et fort belle en ce moment quoiqu'elle eût déjà des pucerons sur ses racines. Avait-elle souffert l'année dernière de la maladie nouvelle ou d'un tout autre mal ? c'est ce qu'il fut impossible de constater d'une manière rigoureuse.

La Commission monta ensuite sur le plateau de Paty, où elle trouva des désastres sans nombre ; elle remarqua les vignes de M. F. Michel, qui avaient été plantées sur des défoncements de 50 centimètres de profondeur et qui n'avaient pas été plus épargnées pour cela.

Traversant peu après le lit complétement désséché de l'Aigues, elle s'arrêta dans la commune de Travaillans, sur une vigne située dans un bas-fond et entourée de fossés d'arrosage dont les eaux coulaient avec abondance, elle y trouva le puceron. C'était la troisième fois qu'elle constatait que les bons terrains n'étaient pas épargnés par la maladie. Elle arriva, enfin, au domaine de Vélage, appartenant à M. Meynard, maire d'Orange.

<small>Domaine de Vélage.</small>

A peine rendue sur ce domaine, elle monta sur un tertre disposé derrière le cellier, pour faciliter les opérations de la vendange, et elle eut alors sous les yeux le plus grand désastre agricole qu'on puisse imaginer. Près de 100 hectares de vignes toutes mortes, sans en excepter un seul pied, montraient leurs longues lignes noires aussi complétement dépourvues de végétation qu'en hiver. C'est à peine si on apercevait dans un angle éloigné un peu de verdure due à quelques hectares de jeunes plantiers que le mal n'avait pas encore emportés.

Les vignes de M. Meynard avaient été plantées depuis peu sur des bois défrichés et sur des défoncements insuffisants, puisque la plupart d'entre eux ne dépassaient pas 10 à 12 centimètres de profondeur. Pour quelques-unes d'entre elles, on avait pourtant défoncé le sol jusqu'à 30 centimètres; leur sort n'avait pas été meilleur pour cela et la maladie ne les avait pas plus épargnées que les autres.

Les premières atteintes du mal remontent, à Vélage, à 1866 ; en 1867 on constata des cas assez nombreux de mortalité répandus un peu partout ; en 1868 la récolte, qui avait été précédemment de six cents hectolitres pour 50 hectares, fut réduite à soixante ; en 1869 rien n'a poussé, si ce n'est quelques hectares de plantiers, probablement destinés à mourir à leur tour. Le sol du domaine de Vélage est caillouteux, dur, compacte, peu profond. La terre mêlée aux cailloux est argilo-calcaire ; le sous-sol est formé par une couche de poudingues imperméables. M. Meynard a eu le puceron chez lui ; il paraît même qu'on trouvait dans ses vignes, au moment où il les fit arracher, de grandes quantités d'insectes appartenant probablement à l'ordre des hémiptères.

On avait essayé à Vélage, pour enrayer le mal, de mettre au pied de chaque cep préalablement déchaussé un mélange composé d'un tiers de soufre et de deux tiers de chaux. Les résultats de cette médication ont été complétement nuls.

En quittant le domaine de Vélage, qui restera dans le souvenir de la Commission comme l'exemple le plus mémorable des désastres causés par la maladie actuelle, la Commission traversa le quartier appelé *le Bois des dames*, où se trouvent les domaines de MM. Correnson, Ville, Beauchamp, Latour, etc. Elle ne vit sur les deux côtés de la route que des vignes languissantes végétant à peine et montrant à chaque pas de grandes bandes entièrement ruinées. Il n'y avait pas à s'y tromper, c'étaient partout les mêmes ravages, la même physionomie, les mêmes caractères ; c'était évidemment une même cause qui avait fait tout le mal.

A mesure que la Commission se rapprocha des bords de l'Ouvèze, le terrain, qui s'était montré constamment caillouteux, prit peu à peu une physionomie meilleure. L'aspect des vignes devint, de son côté, de plus en plus satisfaisant. Au village de Sablet, situé sur la rive opposée, les paysans réunis sur le marché ne se plaignaient pas encore de l'état de leurs vignes. Ils se montrèrent tous très-avides de voir le puceron dont ils avaient tant entendu parler et qu'ils ne connaissaient pas.

Au Sablet, la Commission se divisa en deux parties : l'une se rendit au domaine de la Machotte, pour vérifier des expériences de M. Léopold Desplans, dont il sera parlé plus tard ; l'autre se rendit directement au domaine du Colombier, appartenant à **M.** Raspail, lauréat de la prime d'honneur au concours régional d'Avignon, en 1866.

Domaine du Colombier. Le domaine du Colombier se compose de deux parties bien distinctes : l'une placée sur les flancs de la montagne de St-Amans, l'autre située dans la plaine qui s'étend à ses pieds. Les vignes de la montagne sont plantées sur des terrains calcaires dont M. Raspail, géologue habile, a su tirer un admirable parti. Ayant remarqué que les roches étaient relevées sur ce point, il pensa que les racines de la vigne pourraient aller chercher leur nourriture dans les interstices des couches parallèles. Son calcul était juste : 40 hectares environ furent plantés et donnèrent en peu de temps de très-beaux produits. La maladie a tellement ravagé ce vignoble, qu'on va bientôt l'arracher. M. Raspail, qui regarde la culture de la vigne comme absolument impossible en présence du puceron, se demande aujourd'hui s'il doit planter des mûriers ou des chênes truffiers pour la remplacer.

Les vignes situées dans la plaine, autour de la ferme et de la maison d'habitation, n'avaient pas eu le même sort ; elles étaient encore en fort bon état au mois de juillet. La Commission admira beaucoup un bel Aramon, qui promettait une récolte abondante ; mais elle remarqua çà et là quelques symptômes de mauvais augure, plusieurs ceps étaient déjà attaqués par le puceron. M. Raspail ne l'ignorait pas, et il regardait cette belle vigne et toutes celles qui lui restent comme entièrement perdues.

La Commission s'éloigna du domaine du Colombier, profondément impressionnée par tous les désastres qu'elle avait vus dans cette journée. Quittant dès lors l'arrondissement d'Orange, si cruellement éprouvé, elle se dirigea par Courthezon, vers la commune de Sorgues, où M. Henri Léenhardt, négociant industriel et viticulteur distingué, devait lui offrir, pendant deux jours, la plus large et la plus cordiale hospitalité. Que M. et Mme Léenhardt veuillent bien permettre à la Commission de leur adresser les remerciements qu'elle leur doit pour l'accueil parfait et pour leurs prévenances de toute espèce qu'elle a trouvés chez eux.

Dès le lendemain elle se transporta sur le territoire de Châteauneuf-du-Pape. Ce grand vignoble avait peu souffert, l'année dernière, des atteintes de la maladie. Quoiqu'il fût déjà attaqué par le puceron, les vendanges s'étaient faites d'une manière régulière et avaient donné d'assez bons résultats. En venant par la route de Sorgues, la Commission rencontra d'abord d'assez belles vignes, mais dès qu'elle fut arrivée sur le grand plateau de cailloux qui regarde le Nord, elle retrouva le spectacle désolant qu'elle avait eu sous les yeux dans les environs d'Orange ; les vignes étaient dans un tel état, qu'un propriétaire du pays estimait cette année leur récolte à 30 hectolitres de vin, tandis qu'elle était autrefois de près de 3,000. La Commission de l'Hérault avait constaté, l'année dernière, la présence du puceron dans les vignes de ce plateau.

Le régisseur du domaine de la Nerthe, un des crus les plus distingués des vignobles de Châteauneuf, déclara à la Commission que les vignes qu'il dirigeait déclinaient d'une manière sensible. Il avait vu le mal commencer l'année dernière dans des proportions très-restreintes, et il esti-

Châteauneuf-du-Pape.

mait déjà, au mois de juillet, que le quart ou que le cinquième du domaine était complétement perdu. Les bons fonds et les jeunes vignes étaient les parties les plus attaquées. Il avait, du reste, constaté, lui aussi, la présence du puceron.

Après avoir parcouru les vignobles de Châteauneuf, la Commission traversa le Rhône et se transporta dans le département du Gard, sur le territoire de Roquemaure, l'un des points les plus anciennement attaqués. On fait remonter de ce côté la première apparition de la maladie en 1865, et même en 1864. On commença à s'apercevoir, à cette époque, qu'un grand nombre de ceps mouraient chaque année. En 1866 et en 1867, le mal grandit et éclata près du village; en 1868, les neuf dixièmes des souches étaient emportées. Les souches mortes ne valaient, cet hiver, à Roquemaure, que 80 c. les 100 kilos, tandis que le bois à brûler s'y vend, en temps ordinaire, jusqu'à 2 fr. C'est sur les cailloux siliceux du plateau de Pujaut que le mal a paru dans ce canton pour la première fois. C'est là aussi qu'il a pris les proportions les plus considérables; toutes les vignes y ont péri. Les autres genres de terrain ont été attaqués plus tard, aucun d'eux n'a été respecté. On remarque pourtant que les terrains sablonneux situés sur les bords du Rhône ont été les plus épargnés. Accompagnée de M. Marin, maire de Roquemaure, la Commission parcourut le territoire de cette commune et ses environs, Saint-Geniez, Saint-Laurent-des-Arbres et Tavel. Elle trouva le puceron partout où elle prit la peine de le chercher.

Au retour de son excursion sur la rive droite du Sorgues.
Rhône, la Commission porta son attention d'une manière toute particulière sur les vignobles qui s'étendent dans le département de Vaucluse, entre Sorgues et Bédarrides. Les premières vignes qu'elle examina furent celles que M. Léenhardt possède sur les coteaux de cailloux siliceux qui touchent le village de Sorgues. Depuis qu'elles sont attaquées par le puceron, leur végétation est devenue très-faible et très-languissante. M. Léenhardt fait pourtant les plus grands efforts pour les rétablir. Il emploie du purin et des eaux ammoniacales du gaz mélangés avec du pétrole, du soufre et de la chaux. Grâce à ces moyens énergiques, il est bien parvenu à leur donner une meilleure apparence mais il est loin de les avoir guéries. Nous reviendrons plus tard sur ces expériences, faites avec une intelligence et un zèle qu'on ne saurait trop louer.

Le domaine du Bois de la Garde, appartenant à Domaine du Bois de la Garde.
M. Faure, ancien président du Tribunal de commerce d'Avignon, fut le second point que la Commission étudia avec soin dans ce quartier. Ce domaine, contenant 29 hectares de vignes, est situé sur le coteau qui domine Bédarrides; il présente, sur une surface relativement restreinte, une succession de terrains qui commencent par les alluvions de la plaine et qui finissent par les cailloux roulés. M. Faure donne de bonnes cultures à ses vignes, il les fume et il les soufre avec beaucoup de soin. L'année dernière, il constata chez lui quelques symptômes de maladie plus nombreux

sur les parties basses du coteau que sur le sommet ; mais ces premières atteintes n'avaient aucun caractère de gravité, et M. Faure en fut peu préoccupé.

Quand la Commission visita le domaine du Bois de la Garde, elle trouva les vignes situées au pied du coteau dans un très-bel état de végétation, mais elle remarqua avec douleur quelques signes non équivoques de la présence de la maladie ; les pucerons s'y trouvaient en grande abondance, mais les vignes étaient si vigoureuses, qu'on se demandait si elles n'auraient pas la force de se nourrir elles-mêmes et de nourrir en même temps le parasite qui les avait attaquées.

Quant aux vignes situées sur le sommet du coteau, M. Faure déclara à la Commission qu'elles étaient toutes en bon état, sauf sur un point situé près d'un voisin très-fortement atteint lui-même ; mais il avait bien soufré, bien cultivé sa vigne, il ne l'avait pourtant pas fumée, et le mal semblait avoir reculé. Les déclarations si nettes et si précises de M. Faure, confirmées, du reste, par tout ce qu'elle avait vu elle-même, firent presque espérer à la Commission que les bonnes vignes, cultivées, fumées et soufrées avec soin, pourraient jusqu'à un certain point se défendre contre la maladie. Cette espérance si vague, si incertaine, ne devait être qu'une illusion [1].

---

[1] La loi fatale s'est accomplie. La belle vigne dont nous venons de parler ne s'est pas maintenue dans l'état florissant où la Commission l'avait vue. D'après la déclaration de M. Faure lui-même, les feuilles ont jauni et sont tombées en grande partie, les pucerons y sont plus nombreux que jamais. Il est cependant probable

Nous croyons devoir ajouter que M. Faure possède quelques pieds de petite Syra qu'il a fait venir de l'Hermitage et qu'il conduit à la taille longue, suivant la méthode de M. Guyot. Ces pieds de vigne sont, eux aussi, attaqués en ce moment par le puceron.

Tant de visites si instructives commençaient à porter leurs fruits; la Commission avait parcouru une grande partie du Comtat et du canton de Roquemaure; elle avait vu partout la maladie présenter les mêmes caractères, partout aussi elle avait vu le puceron. La véritable cause du mal qu'elle étudiait se révélait de plus en plus à ses yeux. Elle allait, du reste, rencontrer un nouveau champ d'études qui devait confirmer toutes les impressions qu'elle avait déjà reçues.

Depuis qu'elle explorait les vignobles de la vallée du Rhône, la Commission avait bien rencontré sur ses pas des sols de toute nature et de toute qualité; mais c'étaient surtout les terrains de cailloux siliceux, maigres, secs et peu profonds, qu'elle avait eu jusqu'alors l'occasion d'étudier. Arrivée maintenant sur les confins du département des Bouches-du-Rhône, elle avait devant elle toute une région de terres basses et humides qui allait lui permettre d'observer sur une grande échelle les effets produits par la maladie dans ces nouvelles conditions.

que les raisins mûriront encore cette année. Les vignes placées sur le sommet du coteau résistent beaucoup mieux. Sauf quelques points attaqués, elles sont encore aujourd'hui dans un état satisfaisant.

Bouches-du-Rhône.
Mas de Fabre.

Quand on traverse la Durance au-dessous d'Avignon, on entre dans une vaste plaine formée par des alluvions très-riches et très-profondes, mais exposée, sur beaucoup de points, aux inconvénients de l'humidité. Les eaux d'arrosage y abondent, et pourtant la vigne y occupe depuis longtemps une grande partie du sol.

La Commission devait se rendre au mas de Fabre, situé dans la commune de Gravéson, une des localités les plus maltraitées des Bouches-du-Rhône. Elle fut obligée, pour y arriver, de traverser une grande partie de cette plaine. Pendant toute la durée du trajet, elle ne vit, sur les deux côtés de la route, que des vignes complétement ruinées ; il fut dès lors démontré pour elle que les plaines humides étaient presque aussi violemment attaquées que les terrains de cailloux roulés, mais elle remarqua pourtant une différence. Les vignes n'étaient pas aussi complétement mortes, aussi complétement desséchées qu'au Plan-de-Dieu et que sur les plateaux environnants. Elle arriva enfin au mas de Fabre, où elle allait trouver un champ d'observations tout nouveau et tout à fait intéressant.

Ce domaine, d'étendue moyenne, est cultivé avec beaucoup de soin par M. Faucon, agriculteur très-actif et très-intelligent. Les vignes, situées pour la plupart dans la plaine, sur des fonds argilo-calcaires très-profonds et très-frais, sont principalement complantées de Grenache, d'Espar et de Clairette ; les cultures qu'il leur donne sont bien entendues et le soufrage est régulièrement pratiqué. M. Faucon constata chez lui la première apparition du mal en 1866 ; mais il n'y attacha, même en 1867, que fort peu d'importance. En 1868, il s'aperçut, pour la première fois, que ses vignes étaient menacées d'un grand désastre, surtout dans les parties plantées dans des terrains argileux et plus exposés, par conséquent, que les autres, à l'humidité. Attribuant leur mauvais état à la sécheresse qui régnait depuis si longtemps, il se mit à les arroser, mais il n'obtint aucun résultat satisfaisant. Plus tard, quand son attention eut été attirée par la Commission de l'Hérault sur la véritable cause de la maladie de la vigne, il constata que le puceron avait envahi tout son domaine. Il étudia dès lors avec la plus grande ardeur le mal dont il avait appris à connaître la cause, et il employa, pour le combattre, les bonnes cultures, les soufrages réguliers, les arrosages et les fumures faites avec des tourteaux et des engrais alcalins de l'étang de Berre.

Nous reviendrons plus tard sur ces essais intéressants. Pour le moment, nous nous bornerons à répéter ce que M. Faucon nous disait lui-même. Il était l'année dernière le propriétaire le plus maltraité de la commune de Gravéson, il est cette année un des moins malheureux. On voit, en effet, quand on examine ses vignes que les sarments de l'année dernière, sur lesquels on a pratiqué la taille, sont tout-à-fait chétifs, tandis que ceux qu'il a obtenus cette année présentent, du moins dans certaines parcelles, un développement normal tant en longueur qu'en grosseur. Toutes les vignes du mas de Fabre ne sont pas malheureusement dans le même état, quelques-unes sont restées rabougries, et la seule amélioration qu'elles présentent, consiste dans une meilleure couleur de leur feuillage. Sera-t-il possible de les sauver? Le succès nous paraît d'autant plus douteux que le puceron se trouve encore partout dans ce domaine.

M. Faucon a rédigé un mémoire très-intéressant et très-instructif sur les causes et sur les effets de la maladie de la vigne, sur la marche qu'elle a suivie chez lui, sur le puceron et sur les divers traitements qu'il a employés pour le combattre. Ce mémoire, remis d'abord à la Commission, a été publié plus tard dans le *Messager agricole* du 5 août dernier.

Nous ne pouvons pas quitter le mas de Fabre, sans rapporter un fait singulier que M. Faucon a fait remarquer à la Commission. Dans une parcelle très-attaquée dont les deux extrémités sont argilo-calcaires, il existe au milieu une bande de terre sablonneuse, et assez fortement salée pour que le sel fasse efflorescence dans certaines circonstances. Cette zone, plantée de Grenache, le plus maltraité de tous les cépages par la maladie, a été toujours et est encore aujourd'hui aussi belle que par le passé. Y a-t-il dans ce fait une indication et une preuve des bons effets qu'on peut attendre de l'emploi des engrais alcalins de l'étang de Berre?

Saint-Rémy. Du mas de Fabre, la Commission se rendit à Saint-Rémy, où elle fut accueillie avec beaucoup de cordialité par l'ancien maire de cette ville, M. Gautier, qui fut l'un des premiers à sonner le tocsin d'alarme quand la maladie éclata avec tant de violence en 1868. Nous ne parlerons pas de la visite qu'elle fit au château du marquis de Lagoy; elle retrouva dans ce domaine des terrains et des désastres analogues à ceux qu'elle avait vus aux environs d'Orange. Traversant bientôt après la chaîne des Alpines, elle se rendit à Maussane, où elle trouva l'accueil le plus distingué chez M. le marquis de l'Espine, président de la Société d'Agriculture de Vaucluse et président de la Commission d'enquête pour la maladie de la vigne dans le même département. M. de l'Espine a rendu, à ce double titre, de grands services à son pays. Président de la Commission d'enquête, il a pris part à tous ses travaux. Les résultats des recherches qu'il a dirigées, ont été consignés dans un rapport remarquable, récemment publié. M. de l'Espine, qui a lui-même des vignes malades, regarde depuis longtemps le puceron comme la seule cause des désastres que son pays a subis.

De Maussane, la Commission n'avait plus qu'un pas à faire pour se transporter dans la Crau. Tout le monde sait que la grande plaine de cailloux siliceux qui porte ce nom est, au point de vue agricole, un terrain tout à fait ingrat. La dureté du sol, son infertilité naturelle, son état de sécheresse extrême en été y rendent toutes les cultures difficiles. La vigne y réussit pourtant assez bien, grâce à sa constitution robuste et à la puissance de sa végétation. La maladie a fait sa première apparition dans la Crau en 1866. En 1868, elle a sévi avec tant de violence que M. de Lagoy a eu des vignes aussi rapidement et aussi complètement détruites que celles de M. Meynard, maire d'Orange.

La Crau.

La Commission fut accompagnée, lorsqu'elle visita

cette région, par M. Delorme, médecin-vétérinaire à Arles, qui a le double mérite d'avoir observé le premier la maladie dans la Crau et de l'avoir ensuite étudiée avec beaucoup d'intelligence et de zèle.

M. de Lagoy, déjà si éprouvé du côté de Saint-Rémy, a été encore ici un des propriétaires les plus maltraités ; il a déjà arraché plusieurs vignes, et il en a plusieurs autres qui sont dans un très-mauvais état.

Chez son voisin, M. de Courtois, où le mal n'est guère moins grand, la Commission a eu l'occasion d'étudier les effets de l'arrosage.

Les vignes irriguées qu'elle a examinées étaient loin d'être débarrassées de la maladie ; elles avaient le puceron sur leurs racines, leurs sarments étaient peu développés, mais leur feuillage assez vert témoignait encore d'une certaine vitalité. Les arrosages, dans les conditions du moins où M. de Courtois les donne, ne peuvent pas être considérés comme un moyen curatif.

La Commission remarqua, à côté de la parcelle arrosée, mais encore malade, qu'elle venait d'examiner, un pied de vigne isolé au milieu d'un terrain vacant qui est souvent submergé par les eaux et qu'on laisse sans culture en attendant qu'il soit suffisamment colmaté. Ce cep était très-vigoureux et ne portait aucune trace de maladie ni sur son feuillage, ni sur ses racines ; il n'avait pas non plus de pucerons. Est-ce à l'isolement ? Est-ce aux irrigations, ou pour mieux dire aux submersions fréquentes qu'il reçoit ? Est-ce à l'absence totale de culture qu'il faut attribuer cette immunité ?

Cette dernière supposition peut paraître étrange et

mérite d'être expliquée. Quelques viticulteurs de la vallée du Rhône croient avoir observé que les vignes qu'on cultive mal ou qu'on ne cultive pas du tout sont moins envahies que les autres par le puceron. Ils citent, à l'appui de leur opinion, les treilles, qu'on laisse toujours sans culture et qui ne sont jamais atteintes par la maladie, et les bords des vignes, presque toujours moins bien cultivés et en même temps moins fortement attaqués que l'intérieur. Nous dirons ici, sans entrer dans aucune espèce de discussion, que la Commission a rencontré sur son chemin beaucoup de vignes très-mal cultivées, et que rien de ce qu'elle a vu ne lui a inspiré une grande confiance dans les bons effets des mauvaises cultures. Quant aux treilles qui sont presque des arbres, elles ont un système radiculaire extrêmement développé; elles sont, en outre, presque toujours placées près des habitations, contre des abris et dans des conditions de sol tellement particulières, qu'on ne peut, dans aucun cas, les invoquer comme exemple ou comme argument. Il en est de même des bords des vignes. S'ils sont ordinairement moins attaqués que l'intérieur, rien ne prouve qu'on doive attribuer ce fait à la mauvaise culture qu'ils reçoivent habituellement [1].

[1] Dans l'opinion du rapporteur, il serait peut-être possible d'expliquer ce fait de la manière suivante : Les cultures données pendant longtemps et sans soins suffisants avec l'araire romain ont pour effet d'accumuler la terre végétale sur les bords des parcelles et de les relever un peu. Le curage des fossés a les mêmes conséquences. Les bords sont donc très-souvent plus fertiles que l'intérieur et s'égouttent mieux. Nous donnons cette explication sous

La Camargue.   La Commission n'avait plus à visiter que la Camargue, où M. Delorme avait remarqué, depuis l'année dernière, des vignes qui semblaient atteintes de la maladie nouvelle, qui mouraient et qui pourtant n'avaient pas de pucerons. Un pareil fait valait la peine d'être examiné, surtout quand il était signalé par un observateur aussi compétent que M. Delorme. La vigne visitée par la Commission renfermait, en effet, un petit nombre de ceps en très-mauvais état, plusieurs d'entre eux étaient même complétement desséchés; mais l'aspect général, le *facies* n'était pas celui des vignes attaquées par la maladie nouvelle; quelques sarments avaient été saisis et frappés subitement au milieu de leur développement; on en voyait sur le même cep qui étaient complétement desséchés et d'autres qui étaient pleins de vie. Ces symptômes n'étaient pas en rapport avec la marche lente et progressive de la maladie nouvelle; ils ne paraissaient pas procéder d'une cause interne et générale. L'aspect des racines était aussi très-différent. La Commission pensa qu'elle était en présence d'un état maladif particulier et tout à fait distinct de celui qu'elle avait mission d'étudier.

La Commission était arrivée à la fin de ses explorations, elle croyait n'avoir plus qu'à conclure, quand elle fut informée par M. le comte de Lavergne, un de ses membres, des faits récemment observés dans la Gironde et des inquiétudes suscitées par la présence bien constatée

toute réserve; l'idée nous en vient en rédigeant ce rapport, et nous n'avons pas eu le temps de le vérifier sur les lieux.

du puceron. N'écoutant que son devoir, elle partit sur le champ pour Bordeaux.

Arrivée dans cette ville dans la soirée du 16 juillet, elle fut immédiatement mise en rapport, par M. de Lavergne, avec la Société d'Agriculture de la Gironde, qui compte tant d'hommes distingués dans son sein. Dès le lendemain elle se transporta dans la commune de Floirac, située sur la rive droite de la Gironde, à 3 kilomètres de Bordeaux, pour visiter le domaine des Gravettes appartenant à M. le docteur Chaigneau. A peine introduite dans une grande vigne attenante à un beau jardin et située dans une terre de palud très-forte et très-fertile, elle reconnut tout de suite, malgré la différence du sol, des cépages, des cultures et du climat, tous les caractères extérieurs de la maladie qu'elle venait d'étudier dans la vallée du Rhône.

Gironde.

Quelques coups de pioche donnés dans le sol firent remonter à la surface des racines pourries, avec leurs nodosités caractéristiques et beaucoup de pucerons. Bien plus, par une bonne fortune inattendue, M. Planchon découvrit un insecte ailé tout à fait semblable à ceux qu'il avait observés. Le doute n'était plus possible, la Gironde était bien atteinte du même mal que la Provence et que le Comtat.

La Commission ne put se défendre d'une profonde impression de douleur, en voyant le plus riche vignoble du monde menacé à son tour par le fléau dont elle venait de voir les terribles effets dans la vallée du Rhône.

Dans l'après-midi du même jour elle se rendit à une

réunion extraordinaire de la Section des vignes de la Société d'Agriculture de Bordeaux, pour y recueillir des renseignements et des détails qu'elle était avide de connaître, sur la naissance de la maladie dans la Gironde, sur sa marche, sur ses progrès.

M. le docteur Chaigneau exposa lui-même dans cette séance, qu'il avait vu chez lui les premiers symptômes du mal en 1866, mais qu'il s'en était peu préoccupé. En 1868 le mal n'avait pas pris encore beaucoup de gravité, car ses vignes furent cette année couvertes de fruits; mais, dès le mois de septembre, une assez grande mortalité commença à se manifester. Au mois d'avril 1869, 10 ou 12 hectares étaient déjà attaqués dans la commune de Floirac; au mois de juillet, on en comptait 60. Frappé de cette marche rapide, M. le docteur Chaigneau avait appelé cette maladie nouvelle la *Phthisie galopante*. Il résulta de la discussion qui eut lieu après cet exposé, que le mal s'étend aujourd'hui à 1 kilomètre au-dessus et à 6 kil. au-dessous de Floirac. On dit même qu'il commençait à paraître à Saint-Loubès, à 14 ou 15 kilom. de Bordeaux, dans la direction du Nord.

Comme on le voit d'après ces renseignements, dont l'autorité ne saurait être mise en doute, la maladie nouvelle de la vigne a fait cette année de grand progrès dans la Gironde; mais elle ne paraissait pas au mois de juillet, dernier, avoir encore franchi le fleuve. La Commission visita sur la rive gauche les vignes de palud de M. le comte de Lavergne, où elle trouva beaucoup de ceps morts, plus peut-être qu'à l'ordinaire, mais sans aucune trace de la maladie. Il en fut de même dans le Médoc, qu'elle parcourut en partie pour aller examiner, près du château de Giscours, des vignes qu'on disait malades. Là aussi elle ne trouva heureusement aucun symptôme alarmant. Il faut insister sur ce mot *heureusement,* car si le Phylloxera envahissait le Médoc, il est probable qu'il y ferait de grands ravages. Les terrains secs à cailloux siliceux sont ceux qu'il affectionne le plus. Il est vrai que dans le Médoc les défoncements sont très-profonds, que les eaux s'écoulent bien et que les vignes sont, sous tous les rapports, bien mieux soignées que dans la Provence et que dans le Comtat.

La Commission avait terminé sa tâche ; elle se sépara à Bordeaux très-impressionnée par les symptômes fâcheux qu'elle avait trouvés dans quelques vignobles, mais pleine aussi de reconnaissance pour les prévenances de toute espèce dont elle avait été entourée par la Société d'Agriculture de Bordeaux, par M. Meller, négociant et propriétaire dans cette ville, par Madame d'Abbadie et par toute sa famille, au château de Cantemerle, situé dans le Médoc.

Nous venons de rendre compte de la longue tournée exécutée par la Commission dans les départements du Gard, de Vaucluse, des Bouches-du-Rhône et de la Gironde. Nous avons exposé aussi fidèlement que nous l'avons pu l'état des lieux qu'elle a visités, évitant avec soin de mêler aux faits constatés les discussions auxquelles leur interprétation peut donner lieu. Nous avons voulu en agissant ainsi permettre à chacun de juger d'abord par lui-même. Nous avons maintenant à remplir la seconde

— 26 —

partie de notre tâche et à faire connaître les conséquences qu'il faut tirer des faits observés et les conclusions auxquelles la Commission est arrivée.

Étendue du mal. Il résulte des travaux de la Commission, de ses explorations et des informations qu'elle a prises, que la nouvelle maladie de la vigne appelée *Pourriture des racines*, mais qu'on ferait peut-être mieux d'appeler la *Maladie du puceron*, ne sévit encore que dans deux régions, la vallée du Rhône et le département de la Gironde.

Dans la vallée du Rhône, le mal a pris des proportions effrayantes. Les deux rives du fleuve sont atteintes, mais d'une manière inégale. Sur la rive droite, où le pays est peu ouvert et où l'on ne trouve qu'une seule vallée latérale, celle du Gardon, la maladie s'est moins étendue que sur la rive gauche. La commune et le canton de Roquemaure ont été de ce côté les deux points les plus atteints, mais le mal gagne tous les jours du terrain. Au Sud, il est déjà arrivé jusqu'au village de Redessan, situé à 11 kilomètres de Nîmes [1], sur le chemin de fer qui conduit de cette ville à Beaucaire. Au Nord, il tend à se rapprocher de Pont-St-Esprit ; mais il n'y est pas encore arrivé. Les progrès qu'il a faits dans l'intérieur des terres ne sont pas aussi considérables, il paraît pourtant qu'il a pénétré dans la vallée du Gardon et qu'on a déjà arraché des vignes à Remoulins.

Son extension a été plus grande de l'autre côté du Rhône. Là le pays est plus ouvert, il renferme de vastes

[1] La maladie se rapproche de plus en plus de la ville de Nîmes. D'après M. Anès, de Tarascon, on la trouve aujourd'hui à 4 kilomètres, dans le territoire de Marguerites.

plaines et de grandes vallées arrosées par quatre cours d'eau importants, l'Aigues, l'Ouvèze, la Sorgue et la Durance. Tous les vignobles situés sur cette rive du fleuve, depuis Orange jusqu'à la Crau, sont aujourd'hui plus ou moins attaqués. Il paraît même que la maladie a remonté plus haut du côté du Nord et qu'on la trouve jusqu'à 18 kil. au-dessus de Montélimart. Si l'on prenait pour mesure des pays envahis les distances kilométriques du chemin de fer qui les traverse, on trouverait que le mal s'étend aujourd'hui sur une longueur totale de 148 kilomètres. Mais si l'on tient compte, comme on doit le faire, des courbes et des changements de direction que présente la ligne de la Méditerranée, l'étendue des contrées atteintes par le fléau n'est plus que de 120 kil. environ.

Tous les points de cette région envahie par la maladie ne sont pas atteints de la même manière.

Le département de la Drôme n'a pas encore beaucoup souffert.

Dans les Bouches-du-Rhône, la maladie a été très-intense, mais elle n'a frappé que sur quelques points : la grande plaine qui s'étend entre la Durance et le Rhône, la Crau [1], etc... Les pertes ont été fort considérables dans ces deux contrées. Il n'existe pas malheureusement de documents statistiques qui permettent d'apprécier, même d'une manière approximative, l'étendue des vignobles envahis par la maladie dans ce département.

[1] D'après des renseignements fournis par M. Delorme, la région appelée *le Trébon*, qui s'étend entre Arles et Tarascon, est très-gravement atteinte en ce moment par la maladie.

C'est dans le Comtat que le mal a déployé sa plus grande violence. D'après le rapport très-remarquable que la Commission d'enquête du département de Vaucluse vient de publier, sur 31,024 hectares de vignes, plus de 6,000 étaient déjà attaqués au mois de Juillet dernier[1].

Voici comment le mal s'est reparti entre les quatre arrondissements qui composent ce département :

Arrond^t d'Orange, sur 10,881 hect. de vignes, 3,600 hect. atteints.
— de Carpentras, 5,237 — 500 —
— d'Avignon, 8,248 — 2,000 —
— d'Apt, 6,658 — quelques traces.

TOTAUX.... 31,024   6,100

Cette répartition si inégale de la maladie dans les quatre arrondissements du département de Vaucluse est digne de remarque. Dans le Comtat, le mal paraît avoir pris naissance aux environs de Cairanne, près d'Orange; il s'est ensuite propagé plus en longueur qu'en largeur, en suivant en quelque sorte le cours du Rhône. L'arrondissement de Carpentras n'a été atteint que dans la partie de son territoire qui se rapproche du cours du fleuve; celui d'Apt, presque caché derrière l'arrondissement d'Avignon, a été à peu près préservé. Faut-il attribuer ce fait à la nature des terrains, aux conditions climatologiques ou bien à d'autres circonstances? Faut-il, au contraire, y voir une indication favorable à l'hypothèse si souvent émise que le vent est le véhicule qui trans-

[1] Devant le Conseil général de Vaucluse, on a porté le nombre des hectares atteints aujourd'hui par la maladie au chiffre de dix mille.

porte et qui dissémine le puceron? Le vent soufflant presque toujours dans la vallée du Rhône, soit du Nord, soit du Midi, on comprend, s'il en est ainsi, que la maladie a dû se répandre dans cette direction beaucoup plus que de l'Ouest à l'Est.

Dans le département de la Gironde, le mal, comme nous l'avons déjà dit, n'a pas encore atteint plus de 60 hectares. Il s'étend sur les bords de la Gironde à 1 kil. au-dessus et à 4 ou 5 kil. au-dessous de Floirac. On prétend néanmoins qu'il a fait son apparition à Saint-Loubès, à 14 kilom. de Bordeaux, dans la direction du Nord.

On admet généralement que la nouvelle maladie de la vigne a commencé dans la vallée du Rhône, en 1865. En 1866, elle avait déjà attiré l'attention d'un assez grand nombre de viticulteurs. En 1867, ses ravages commencèrent à émouvoir l'opinion publique. Le mal éclata avec une violence inouïe en 1868. *Commencements de la maladie.*

Quelques observateurs prétendent qu'il faut faire remonter les débuts de la maladie plus haut, et que les premiers symptômes se sont manifestés avant l'année 1865. Ils ont probablement raison. Pour que le mal ait été aussi apparent à cette époque, il faut nécessairement qu'il ait existé d'une manière latente et dans des proportions très-restreintes pendant les années précédentes. Dans les contrées où il a éclaté depuis peu et où on a pu l'observer à son début, à Redessan, par exemple, on a vu comment il procède. Il reste ordinairement inaperçu pendant le cours de la première année. On sait d'ailleurs que les effets extérieurs de la maladie, et ce sont les seuls qu'on ait pu observer dans le principe, sont toujours postérieurs à la pourriture des racines et à la présence des pucerons, et qu'ils ne constituent, par conséquent, que la seconde période, que le second degré du mal.

Les points les plus anciennement attaqués de la vallée du Rhône semblent être les environs d'Orange, où le mal aurait paru, d'après ce qu'on dit, en 1864, et les plateaux de Pujaut, près de Roquemaure, où il aurait commencé à se montrer en 1865, et peut-être même plus tôt [1].

Dans les Bouches-du-Rhône, il n'a été aperçu qu'un peu plus tard. M. Delorme n'a constaté son existence dans les cailloux roulés de la Crau qu'en 1866. C'est dans le cours de la même année qu'on l'a vu pour la première fois dans les terrains humides de Gravéson et de Saint-Rémy.

Que faut-il conclure des faits qui précèdent? La maladie a-t-elle eu, dans le principe, un point de départ unique? a-t-elle débuté, au contraire, par plusieurs foyers d'infection? C'est là une question fort obscure.

Malgré la différence des dates que nous venons de signaler, nous n'oserions pas, pour notre part, considérer les environs d'Orange ou les plateaux du Pujaut, près de Roquemaure, comme ayant été réellement les

---

[1] M. David de Penanrun, directeur des Contributions indirectes à Caen, croit avoir vu dans le canton de Villeneuve, voisin du canton de Roquemaure, les premiers symptômes de la maladie dès l'année 1863.

points de départ de la maladie sur les deux rives du Rhône. Les observations faites avant 1865 ne sont ni assez nombreuses ni assez précises pour qu'on puisse en tirer des conclusions certaines. La maladie n'étant pas connue à cette époque, on a très-bien pu se méprendre, dans certains cas, sur la nature des symptômes observés, et ne pas remarquer, dans d'autres, tous les points véritablement attaqués.

Les faits qui viennent de se passer à Bordeaux jettent un certain jour sur cette question. Les premiers indices de la maladie ont paru dans la Gironde en 1866, un peu plus tard, par conséquent, que dans le Comtat. Faut-il admettre, quand on ne voit encore aucun point intermédiaire attaqué, que les premiers germes du mal y sont venus de la vallée du Rhône, qui en est éloignée de près de 600 kilomètres? Ces circonstances ne semblent-elles pas, au contraire, appuyer l'idée de l'indépendance des foyers primitifs?

Le trait extérieur le plus caractéristique de la nouvelle maladie de la vigne, celui qui a le plus frappé tous les observateurs qui l'ont étudiée, c'est l'existence, dans toutes les parcelles atteintes depuis peu, d'un centre d'attaque, d'une tache plus ou moins circulaire, mais ayant quelquefois aussi une forme longitudinale, que les uns ont appelée *une lune,* et que M. Bazille appelait *une tache d'huile* pour exprimer son extension, sa progression incessante. Cette tache, plus ou moins grande, est ordinairement située dans l'intérieur des vignes, plus rarement sur les bords.

<small>Caractère, symptômes de la maladie.</small>

Elle présente constamment dans son centre un certain nombre de ceps déjà morts ou sur le point de mourir ; les ceps environnants sont plus ou moins attaqués, suivant qu'ils sont plus ou moins éloignés des premiers. Quand les parcelles ont une certaine étendue et quand le mal est suffisamment intense, au lieu d'une tache on en trouve plusieurs, qui sont semblables les unes aux autres et qui deviennent toutes le point de départ d'un mouvement d'extension qui s'agrandit sans cesse et qui finit par tout envahir. Il ressort de ces faits observés partout que la maladie de la vigne, ou, pour mieux dire, que le puceron, se propage de deux manières, de proche en proche et à distance. L'extension des taches dont nous venons de parler nous révèle le premier mode de propagation ; l'existence simultanée de plusieurs centres d'attaque dans la même vigne nous révèle le second.

Ce premier effet de la maladie, ce premier signe caractéristique de son existence, est bientôt suivi par d'autres symptômes : les feuilles jaunissent dans toute l'étendue de leur limbe, elles passent ensuite d'un jaune-vert, plus ou moins clair suivant la nature des cépages, au jaune terreux ; quelquefois elles s'entourent d'une auréole rougeâtre ; arrivées dans cet état, elles ne tardent pas à se dessécher, en commençant par les bords ; elles finissent enfin par tomber, les plus basses précédant toujours celles qui sont plus élevées. Les sarments, de leur côté, s'aoûtent mal, leurs extrémités supérieures se dessèchent, tandis que les parties moyennes restent encore vertes ; en hiver, ils deviennent secs et cassants. Les raisins mûrissent assez souvent ; mais si le mal est intense, ils restent rouge clair, presque roses. Quand on les goûte, ils sont légèrement acides, aqueux et sans parfum. Il est inutile d'ajouter que le vin qu'ils donnent ne vaut rien et qu'il ne se conserve pas.

Tous les symptômes que nous venons de décrire sont ceux que l'on trouve sur les vignes dont le mal est encore assez récent. Quand la maladie est ancienne, quand elle remonte à l'année précédente, les sarments qui poussent au printemps sont courts, chétifs ; les feuilles sont très-petites et recoquillées en dehors, elles jaunissent vite. Il arrive pourtant quelquefois qu'elles conservent une coloration assez verte. Cette couleur normale du feuillage est ordinairement un indice que la vigne a profité du répit que le puceron lui a laissé pendant l'hiver et pendant le commencement du printemps, pour émettre de nouvelles racines ou pour régénérer en partie celles qui étaient désorganisées. Les vignes réduites à ce triste état ont quelquefois encore la force de porter de petites grappes qui ne sont pas destinées à mûrir, car la maladie recommence bientôt à faire des progrès ; les ceps languissent, ils se dessèchent et finissent par mourir.

Lorsque les vignes présentent les symptômes que nous venons de décrire, on peut être sûr que leurs racines sont profondément altérées. On trouve, en effet, quand on les examine, qu'elles sont molles et pourries ; leurs tissus hypertrophiés et ramollis cèdent facilement sous la pression des doigts et laissent voir, dès qu'on les attaque avec l'ongle, la partie ligneuse qui se trouve au centre.

La pourriture commence toujours par les radicelles, par le chevelu; elle attaque plus tard les grosses racines et finit à la longue par remonter jusqu'au tronc, qui ne tarde pas dès lors à se dessécher et à périr. Ces graves désordres sont causés, tout le monde commence à le reconnaître aujourd'hui, par un puceron, le *Phylloxera vastatrix*, qui s'établit sur les racines de la vigne et qui les pique pour se nourrir de leurs sucs. Ces piqûres multipliées irritent probablement les tissus et produisent des renflements, *des nodosités* qui se remplissent de matières nutritives, notamment de fécule; elles finissent, à la longue, par amener la pourriture et la décomposition. Ces nodosités, observées par M. Planchon, même sur des racines qu'il donnait à des pucerons élevés dans des flacons, sont, avec le puceron lui-même, le signe le plus certain, le plus caractéristique de la maladie nouvelle; elles jouissent d'une grande vitalité, car il arrive souvent qu'elles sont encore intactes et qu'elles nourrissent l'insecte qui les a produites, tandis que les parties environnantes de la racine sont déjà décomposées et pourries.

Quant aux pucerons, cause première de ces altérations profondes, tout le monde sait aujourd'hui qu'on les trouve sur les racines de la vigne, soit disséminés, soit réunis en groupes composés de mères qui pondent, de jeunes qui viennent de naître et d'œufs qu'on reconnaît à leur couleur plus claire et à leurs dimensions plus petites. Les individus qu'on voit disséminés çà et là ne restent pas longtemps isolés ; chacun d'eux devient en peu de temps le centre d'une nouvelle famille. Sur les racines qui sont encore fines et tendres, les groupes de pucerons sont quelquefois si nombreux qu'ils se touchent; ils sont beaucoup plus clairsemés quand l'épiderme est devenu rugueux et fendillé ; on les trouve presque toujours enfoncés en pareil cas dans les fissures; ils aiment à s'y loger, afin d'être plus rapprochés du tissu cellulaire qui doit les nourrir [1].

Il est digne de remarque que les pucerons, véritables auteurs de la pourriture des racines, ne se plaisent et ne peuvent vivre que sur les tissus vivants et non altérés. Quand un cep est sur le point de mourir, ils l'abandonnent ; dès qu'une racine se pourrit, ils se portent ailleurs. Aussi ne doit-on les chercher, dans les vignes malades, que sur les ceps doués encore d'une certaine vigueur et sur des racines en bon état.

Les pucerons fuient la pourriture, ils la précèdent toujours et ne la suivent jamais [2].

C'est une vérité dont la Commission a eu bien souvent l'occasion de se convaincre; mais elle en a trouvé une

---

[1] On présume depuis longtemps que les pucerons circulent sur les racines en suivant les fissures que présente leur épiderme. M. E. Raspail, dont nous avons déjà eu occasion de parler, a eu l'obligeance de nous signaler un fait très-intéressant. En faisant une excavation, il a trouvé un banc de grès pour ainsi dire perforé par une racine dont les extrémités inférieures étaient couvertes de pucerons. Il est probable que ces insectes n'avaient pu passer que par les fissures dont il vient d'être question.

[2] Les petits animaux qu'on trouve quelquefois sur les racines en décomposition appartiennent au groupe des *Acariens*.

preuve tout à fait remarquable dans une vigne de la Crau, appartenant à M. de Lagoy. Ayant fait arracher une souche déjà desséchée, elle trouva ses racines complétement pourries; les pucerons les avaient abandonnées comme toujours, et s'étaient groupés en très-grand nombre autour du tronc, au-dessus de l'insertion des grosses racines. Pourquoi s'étaient-ils réunis sur ce point où on ne les voit pas d'habitude? Était-ce pour y chercher un dernier reste de nourriture? Était-ce pour aller fonder de nouvelles colonies?

On n'a pas pu encore déterminer si les pucerons détruisent le tissu cellulaire des racines par la seule action de leur piqûre, ou s'ils répandent, comme certains insectes, une liqueur irritante dans les plaies qu'ils ont engendrées.

Tels sont les symptômes principaux, les caractères essentiels de la maladie nouvelle de la vigne. Mais comment rendre compte de sa violence et de sa force d'expansion? Pour s'en faire une idée juste, il faut avoir vu les immenses désastres de la Provence et du Comtat.

Quand la maladie a pénétré dans une contrée, elle n'épargne, comme nous l'avons déjà dit, aucun genre de terrain; mais elle ne sévit pas partout de la même manière. Les fonds de bonne qualité, qui se ressuient bien en hiver et qui en même temps ne craignent pas les sécheresses de l'été, sont ceux qui sont le moins attaqués et qui se défendent le mieux quand ils sont atteints.

Les terrains de cailloux roulés, les sols secs, peu fertiles et dépourvus de profondeur, comme on en trouve dans les environs d'Orange, dans la Crau, sur les plateaux de Pujaut, sont les lieux où la maladie sévit avec le plus de violence.

Les terrains bas, qui sont fertiles, mais qui sont en même temps humides, comme la plaine de la Durance, sont encore très-cruellement éprouvés; ils présentent néanmoins une certaine différence avec les précédents. Les vignes, dans ces terres riches, résistent davantage; elles ne sont pas aussi complétement détruites; elles ne se dessèchent pas autant. Pour tout dire en un mot, M. Faucon, dans la plaine de Graveson, traite ses vignes et espère les sauver, au moins en partie; tandis que le maire d'Orange a été obligé de mettre la charrue dans les siennes.

La maladie, qui ne respecte aucun genre de terrain, ne respecte aussi aucune espèce de cépage. Le Grenache paraît le plus atteint; on ne cite jusqu'à ce jour que deux variétés qui semblent résister mieux que les autres: l'*Espagnin*, raisin noir bon pour la table, mais produisant peu, et le *Colombeau*, raisin blanc fort peu estimé [1].

L'âge des vignes n'est pas plus que la nature des cépages une cause d'immunité. Jeunes ou vieilles, elles sont toutes attaquées; on trouve pourtant plus de mal dans celles qui ont de 2 à 10 ans, que dans celles qui sont plus âgées. Leur système radiculaire, étant moins développé, est probablement plus rapidement envahi. On a remarqué encore que les jeunes plantiers d'un an sont

[1] La résistance de ces deux cépages est mentionnée dans les conclusions de la Commission d'enquête instituée dans Vaucluse pour l'étude de la maladie de la vigne.

un peu plus épargnés. On comprend qu'à cet âge la maladie n'a pas eu encore le temps de les envahir.

Il ne faut pas pourtant s'imaginer que les vignes attaquées par le puceron succombent toujours sans se défendre. Il est d'abord très-rare qu'elles périssent dans l'année même où elles ont été atteintes. Ce n'est ordinairement que dans l'automne ou dans l'hiver de l'année suivante qu'elles sont définitivement emportées. Quand elles sont vigoureuses et quand elles sont placées dans de bonnes conditions, elles opposent une certaine résistance; à mesure que leurs anciennes racines se pourrissent, elles en émettent de nouvelles qui sortent, soit des racines supérieures, soit du tronc lui-même. D'autres fois elles réorganisent leurs tissus décomposés; dans ce cas, quand on détache avec l'ongle les couches hypertrophiées et pourries qui enveloppent les racines, on aperçoit autour de leur partie centrale un nouveau tissu cellulaire qui est en train de s'organiser. Quand ce travail réparateur s'accomplit, le cep, prenant des forces nouvelles, produit des sarments assez semblables à ceux d'un jeune plantier; les feuilles sont assez vertes, et donnent par leur bonne apparence beaucoup d'espoir aux agriculteurs. Il est probable que de pareilles vignes pourraient avec le temps se rétablir d'une manière complète, si le puceron ne les attaquait pas de nouveau.

La Commission en a vu plusieurs dans cet état, on lui en a même montré qui étaient très-belles au mois de juillet, et qu'on disait avoir été très-malades l'été dernier : il était malheureusement impossible de vérifier d'une manière complète l'exactitude de ces affirmations.

Il faut admettre néanmoins, qu'il y a quelques vignes qui se sont rétablies d'elles-mêmes et sans avoir subi aucune espèce de traitement. Ces cas sont malheureusement fort rares et ne constituent que de très-petites exceptions.

On connaît déjà l'opinion de la Commission, on sait qu'elle a reconnu, à l'unanimité, que le puceron était la cause de la maladie de la vigne. Mais cette question est si importante, elle a donné lieu à tant de discussions, qu'on voudra bien nous permettre de ne pas nous en tenir à cette simple déclaration et d'entrer dans quelques détails.

Causes de la maladie.

Quand la maladie de la vigne éclata, le premier fait qui frappa les agriculteurs, celui qui excita le plus leur surprise, ce fut de voir que toutes les racines qu'ils examinaient étaient complétement pourries. D'où pouvait provenir un mal si étrange? On chercha naturellement parmi les choses connues, et on pensa tout d'abord aux filaments blanchâtres de champignons souterrains qui s'attachent aux racines de certains végétaux et qui les font périr. Cette manière d'expliquer la maladie fut d'autant mieux accueillie dans la Provence et dans le Comtat, qu'on avait planté dans ce dernier pays beaucoup de vignes sur des bois défrichés, et qu'on y avait vu, ce qui arrive souvent en pareil cas, les racines attaquées par ces *mycelium* filamenteux.

Cette maladie, connue depuis longtemps, s'appelait dans la langue du pays *le Pourridié, le Blanquet,* le premier de ces noms rappelant la pourriture des racines, le second la couleur blanchâtre des filaments dont nous venons de parler. On donna le même nom à la maladie nouvelle.

On ne pouvait pas cependant continuer à croire à l'action d'une cryptogame que personne ne voyait. Ce fut alors que la Société d'Agriculture de l'Hérault, répondant à l'appel qui lui avait été adressé par M. Gautier, maire de Saint-Rémy, et M. Levat, ingénieur à Arles, chargea trois de ses membres de visiter les lieux atteints par la maladie. MM. G. Bazille, Planchon et Sahut, désignés pour remplir cette mission, se rendirent le 15 juillet 1868 dans les environs de Saint-Rémy. C'est là qu'en examinant les vignes malades de M. de Lagoy, ils découvrirent sur des racines le *Phylloxera*, destiné à avoir tant de retentissement. Ils le retrouvèrent les jours suivants à Châteauneuf-du-Pape, à Orange, à Gravéson, à Saint-Martin-de-Crau. Ils constatèrent en même temps, sur les racines attaquées, l'existence des nodosités caractéristiques dont nous avons parlé. Bien convaincus que le *Phylloxera* était la cause réelle de la maladie, ils publièrent leur découverte, annonçant en même temps qu'il ne fallait pas se faire illusion, et que le mal avait beaucoup de gravité. Ce n'était malheureusement que trop vrai. M. G. Bazille, s'adressant plus particulièrement aux agriculteurs, ne cessa pas d'insister sur la vraie nature du mal, sur sa gravité et sur la nécessité de chercher le remède dans la destruction de l'insecte parasite.

M. Planchon, à qui l'on doit à peu près tout ce que l'on sait sur le Phylloxera, sur ses mœurs, sur son évolution, commença, de son côté, la longue série des recherches qui lui ont fait tant d'honneur.

A peu près à la même époque, d'autres manières d'expliquer les désastres de la vigne furent mises en avant, et l'on invoqua, soit avant, soit après la découverte du puceron, la mauvaise nature des terrains, l'épuisement du sol, le froid de l'hiver et la sécheresse de l'été. Ces différents points de vue avaient tous une certaine valeur, car chacune des causes qu'on mettait en jeu avait eu sa part d'influence sur les cas divers de mortalité qu'on avait constatés; mais, séparés ou réunis, ils ne pouvaient pas rendre compte du mal nouveau qui préoccupait les esprits.

Comme nous allons le voir tout à l'heure, tout s'explique facilement dans la maladie nouvelle de la vigne par l'action du puceron; rien ne peut s'expliquer sans lui.

Mauvaise qualité des terrains, épuisement du sol. — S'il n'y avait que des terrains maigres, secs et peu profonds, comme les cailloux roulés des environs d'Orange et de la Crau, s'il n'y avait que les bois défrichés de M. de Serre et de M. Meynard, au domaine de Vélage, qui fussent atteints, on pourrait dire, à la rigueur, que la mauvaise qualité des terrains est une des causes efficientes de la maladie de la vigne. S'il n'y avait, d'un autre côté, que de vieux vignobles ruinés et mal cultivés qui fussent frappés, on pourrait encore invoquer l'épuisement du sol. Mais quand on voit tant de bons terrains envahis, quand on voit tant de jeunes vignes pleines de force subitement frappées et emportées en si peu de temps, il faut nécessairement chercher une autre explication, une autre cause. Mais cette cause, cette explication une fois trouvée, il faut reconnaitre que la nature, que la qualité des terrains et que l'épuisement de certains sols n'ont pas été sans action sur les désastres de ces dernières années. Les terrains de cailloux roulés, les sols arides et secs, les plaines basses et humides ont été fort maltraités, dans tous les quartiers où la maladie s'est manifestée [1].

Froid et sécheresse. — Quand la nouvelle maladie de la vigne éclata avec violence, en 1868, le Midi venait de traverser un hiver très-froid précédé et suivi par une sécheresse peu ordinaire. Le Rhône avait charrié, et il n'avait pas plu depuis près de dix-huit mois. Tous les départements méridionaux avaient souffert de ces intempéries, il est par conséquent impossible que le Comtat et que la Provence n'aient pas subi leurs effets. Au premier moment il fut fort difficile de faire la part de chaque chose; mais tout s'est élucidé depuis : le froid et la sécheresse ont détruit un grand nombre de ceps et fatigué beaucoup de vignes, mais ils n'ont pas engendré la nouvelle maladie qui les a frappées. Quand on voit cette maladie commencer en 1865 et même peut-être en 1864, quand on la voit grandir et se développer en 1866 et en 1867, il faudrait attribuer à l'hiver de 1867-1868

---

[1] M. Marès avait signalé, dès l'année dernière, cette influence des terrains.

un singulier effet rétroactif pour mettre à sa charge des altérations, des désordres, des désastres qui ont eu lieu plusieurs années auparavant. Comment expliquer, du reste, par les intempéries de ce même hiver, la mort de tant de vignes qui ont donné d'assez belles récoltes au mois de septembre 1868 et qui ont ensuite succombé, soit à la fin de l'automne, soit pendant l'hiver qui a suivi? L'action du froid qui tue est plus rapide, l'action de la sécheresse ne se fait pas sentir si longtemps après qu'elle a cessé. Les influences climatologiques ne sont donc pas la cause réelle de la maladie. Il est néanmoins très-possible qu'elles aient exercé en 1868 une certaine action sur son développement. Quand on a vu de près la violence que le mal acquiert dans les terrains naturellement très-secs, on est porté à croire que la sécheresse extraordinaire de l'année dernière a pu favoriser ses progrès.

Véritable cause de la maladie. — Toutes ces considérations étant ainsi écartées ou réduites à leur juste valeur, il ne reste plus, pour expliquer la maladie, qu'une seule chose, le puceron. La Commission a déjà fait connaître son opinion par l'organe de son président, M. de la Loyère. Après avoir observé les faits avec la plus grande attention, après avoir discuté tous les systèmes et toutes les objections, elle a reconnu à l'unanimité que le puceron était la cause de la maladie actuelle de la vigne. Cette opinion est celle qui a été adoptée par la Commission d'enquête du département de Vaucluse à la majorité de 4 voix sur 5. On peut dire qu'elle est partagée aujourd'hui par la plupart des agriculteurs du Midi.

Comment pourrait-il en être autrement? Partout où l'on trouve la maladie de la vigne, on trouve aussi des pucerons. C'est une règle constante dans la vallée du Rhône comme sur le bord de la Gironde.

On avait cru trouver une exception à cette loi dans la Camargue. La Commission a visité une parcelle de vigne qu'on lui citait comme exemple ; elle n'y a pas trouvé de pucerons, il est vrai, mais elle n'y a pas trouvé non plus la maladie qui nous occupe ; les symptômes n'étaient pas les mêmes, le *facies* observé était fort différent.

La corrélation étroite qui existe entre la maladie de la vigne et le puceron étant ainsi démontrée par tous les faits observés, on pouvait se demander, au début de la question, quel était celui de ces deux termes qui était la cause et quel était celui qui était l'effet. Aujourd'hui le doute n'est plus possible. La pourriture des racines est bien la cause déterminante de tous les symptômes extérieurs qu'on observe dans les vignes malades : jaunisse, chute des feuilles, dépérissement général, etc. Mais cette pourriture n'est, elle-même, que la conséquence des blessures faites par le puceron. C'est une chose qui est du ressort des yeux et que l'observation nous révèle. L'observation nous révèle encore qu'au lieu d'être attiré par la pourriture, le puceron la fuit sans cesse, qu'il la précède toujours, comme nous l'avons déjà dit, et qu'il ne la suit jamais. Nous n'insisterons pas plus longtemps sur ce point, qui n'est plus douteux ; mais nous demanderons, avant de quitter ce sujet, la permission de soulever une dernière question, la plus intéressante et la plus insoluble de toutes. Nous n'avons pas la prétention de la résoudre, et si nous en parlons, c'est uniquement pour ne pas laisser dans l'ombre un problème qui s'impose invinciblement à l'esprit toutes les fois qu'on pense à la nouvelle maladie de la vigne. Il est bien entendu que ce que nous allons dire ne saurait engager en rien la Commission, qui veut et qui doit dans une matière si obscure rester complétement en dehors.

Comme nous l'avons dit plus haut, tout s'explique aisément dans la maladie nouvelle de la vigne à l'aide du puceron. Il n'y a qu'une chose qui ne s'explique pas, c'est le puceron lui-même. D'où vient cet être mystérieux imperceptible, qui, encore inconnu il y a un an, s'est brusquement révélé par les désastres sans exemple qu'il a causés ?

Nous écarterons d'abord l'hypothèse inadmissible d'une génération spontanée et d'une création récente.

Nous n'admettrons pas davantage l'hypothèse un peu trop risquée qui consisterait à ne voir dans le Phylloxera qu'une variété nouvelle d'une espèce ancienne transformée et pouvant vivre aujourd'hui sur les racines de la vigne. Ces deux suppositions étant écartées, il n'en reste plus que deux autres qui soient possibles. 1° Le Phylloxera peut avoir existé de tout temps dans nos pays et y avoir vécu inaperçu et inoffensif jusqu'au jour où il s'est brusquement multiplié sous l'empire de circonstances nouvelles ; 2° il peut encore être arrivé de quelrégion inconnue, transporté par un moyen quelconque, ou venu de son propre mouvement. La première de ces suppositions n'a rien d'impossible, elle compte même beaucoup d'adhérents. Il est pourtant peu rationnel d'attribuer les faits qu'on ne peut pas expliquer à des causes inconnues, à des désordres généraux. La dernière n'a pas non plus des fondements très-solides, elle ne repose que sur de simples analogies. Depuis que tous les pays échangent, sur une si grande échelle, les produits de leur agriculture et de leur industrie, il arrive souvent qu'ils se communiquent, sans le vouloir, leurs plantes bonnes et mauvaises, leurs animaux, leurs insectes nuisibles et même leurs maladies. Les migrations accomplies de nos jours par les espèces végétales et animales forment un des chapitres les plus longs et les plus curieux de l'*Histoire naturelle*. Sans sortir du groupe des Aphidiens, nous citerons le puceron lanigère qui attaque les pommiers. Son apparition en France est toute récente, elle ne date que de la fin du premier empire, et tous les départements sont envahis depuis longtemps. L'étude des insectes ampélophages pourrait nous fournir d'autres exemples qui seraient très-intéressants, mais qui ne seraient pas plus concluants.

Le plan que nous avons adopté nous aurait amené à parler ici du Phylloxera et à l'étudier en détail, au point de vue de son organisation, de ses mœurs, de sa reproduction et de ses différentes manières de se propager. La Commission ayant chargé M. Planchon de traiter ce sujet, qu'il connaît mieux que personne, puisqu'après avoir découvert le Phylloxera avec MM. G. Bazille et Sahut, il n'a pas cessé de l'étudier, nous lui cédons la parole, et nous le faisons d'autant plus volontiers que nous connaissons personnellement, le riche trésor d'études et d'observations qu'il a amassé depuis un an.

On trouvera le travail de M. Planchon à la suite de ce rapport.

Dès qu'on eut découvert la cause de la nouvelle maladie de la vigne, dès qu'on connut l'ennemi qu'il fallait combattre, on s'empressa de rechercher quels étaient les moyens qu'on pourrait employer contre lui. La Société d'Agriculture de l'Hérault s'occupa beaucoup de cette question et la Commission qu'elle nomma pour faire des recherches publia, il y a un an, un mémoire qui est devenu le point de départ de presque tous les essais qui ont été faits depuis cette époque. *Moyens curatifs.*

Les substances expérimentées sont déjà assez nombreuses; mais, il faut bien le dire, au moment où la Commission a fait sa tournée aucune d'elles n'avait encore assez bien réussi pour faire espérer une solution prochaine du problème. Nous allons essayer de résumer brièvement les essais auxquels on s'est livré. En pareille matière quand on marche encore à l'aveugle, quand on expérimente un peu au hasard, l'histoire des tentatives avortées a son utilité, elle indique les écueils qu'il faut éviter et les essais qu'il ne faut pas recommencer.

1° On s'était d'abord demandé s'il ne serait pas possible de trouver une matière fertilisante qui pût enrichir le sol et tuer en même temps le puceron. Les différents fumiers; le purin, qui fait périr tant d'insectes, ont été essayés et n'ont donné aucun résultat satisfaisant. Les tourteaux de colza, employés avec succès par M. le baron Thénard et par un grand nombre de viticulteurs contre la larve de l'Écrivain [1], avaient été recommandés d'une manière particulière. Comme c'est par l'huile essentielle de moutarde qu'ils renferment, que ces tourteaux agissent, et comme d'un autre côté cette huile essentielle ne se trouve pas dans ceux qui ont été soumis à une température trop élevée, on avait conseillé de les additionner de farine de moutarde pour augmenter leur efficacité. Les tourteaux de colza, la farine de moutarde n'ont pas donné de résultats satisfaisants.

2° La chaux caustique mise au pied des ceps avait d'abord inspiré une certaine confiance ; mais les espérances conçues ne se sont pas réalisées. Très-énergique sur les points qu'elle touche, elle pénètre difficilement dans le sol, elle a de plus le grave inconvénient de se carbonater rapidement et de perdre ainsi toute son efficacité. M. Ripert, membre de la Société d'Agriculture d'Orange, a obtenu de bons résultats en traitant ses vignes, situées, il faut bien en tenir compte, dans d'excellents fonds, avec un compost de fumier de vache, de vinasse et de chaux, ayant servi à l'épuration du gaz. Est-ce à la bonne qualité du sol, est-ce au fumier, est-ce à la chaux ou aux composés qu'elle contient quand elle sort des usines à gaz, qu'il faut attribuer les bons effets de ce mélange ? Ces faits sont très-connus dans tout le

---

[1] L'Ecrivain (Eumolpe) ou *Gribouri* est un insecte de l'ordre des Coléoptères. Sa larve attaque les racines de la vigne et fait beaucoup de mal.

Comtat, et la chaux néanmoins n'y est pas en faveur. Le plâtre, le sulfate de fer, les eaux ammoniacales du gaz, l'acide arsénieux, le savon n'ont pas donné des résultats dignes de fixer notre attention.

C'est ici le lieu de parler des essais faits par M. L. Desplans, au domaine de la Machotte, avec du soufre et du sulfate de fer additionnés de fumier. Ces essais avaient donné d'assez bons résultats ; mais ils avaient porté sur un si petit nombre de souches (quelques-unes seulement) que la Commission n'a pas pu se prononcer d'une manière définitive sur leur valeur.

Puisque nous venons de parler du soufre, nous devons ajouter que M. Marès a beaucoup insisté, dans la conférence qui eut lieu devant la Société d'Agriculture de Bordeaux, sur la nécessité des soufrages réitérés des vignes, qui engendrent, par le contact du soufre et du fumier déposé dans le sol, de l'acide sulfhydrique, dont les effets peuvent être utiles contre le puceron.

M. Thénard conseille beaucoup, de son côté, de mêler du plâtre aux fumiers employés ; cette substance, moins chère que le soufre, dégage, quand elle est en contact avec les engrais, des produits sulfurés susceptibles, selon lui, de donner de bons résultats [1].

3° M. Henri Léenhardt a beaucoup employé, dans ces derniers temps, des mélanges variés de purin, de pétrole,

---

[1] Nous devons dire ici que M. Marchand, ancien élève de l'Ecole polytechnique, a vivement recommandé l'emploi du gaz sulfhydrique contre le puceron, dans deux études qu'il a publiées dans ces derniers temps. La première a paru dans le *Bulletin du Comice viticole des Pyrénées-Orientales* du mois de juin dernier.

de fleur de soufre et de chaux. Plus tard, il a remplacé le purin par les eaux ammoniacales du gaz. Ses vignes que la Commission a visitées, étaient bien loin d'être guéries, mais, comme nous avons déjà eu l'occasion de le dire, elles étaient bien plus belles que celles de ses voisins, elles végétaient encore, elles ne périssaient pas, et c'est déjà beaucoup. Nous ne parlerons pas du prix de revient de ce traitement énergique, il paraissait être assez élevé. C'est ici le cas de rappeler que M. de la Loyère institua, pendant son séjour chez M. Léenhardt, des expériences qui n'ont pas réussi, mais qui reposaient sur une idée ingénieuse. Elles consistaient à faire absorber par les ceps malades des liquides destinés à écarter les pucerons, tels que le sulfate de fer, etc. M. G. Bazille, de son côté, se propose de greffer des vignes sur des arbrisseaux de la même famille, tels que le *Cissus Orientalis* et la vigne vierge, dont les racines échapperaient très-probablement aux attaques du *Phylloxera*.

4° Il est d'autres substances qui avaient été fort recommandées et qui ont été expérimentées. L'huile de pétrole, le coaltar, l'acide phénique. Dans les essais qui ont été faits, l'huile de pétrole n'a pas tué beaucoup de pucerons, elle est du reste d'un prix trop élevé. L'acide phénique employé à la dose de 5 à 10 grammes par souche mêlé à 5 litres d'eau, a tué les pucerons en laissant la souche intacte. Le coaltar à raison de 200 gram. par souche n'a pas tué tous les pucerons. Repris plus tard par d'autres expérimentateurs, il n'a pas continué à donner de bons résultats. Quant à l'acide phénique, son prix trop élevé a peut-être empêché qu'il fût donné suite aux essais dont nous venons de parler. Quelques personnes craignent d'ailleurs que cette dernière substance ne soit nuisible à la fertilité du sol.

5° Quand la Commission se fut séparée, à Bordeaux, M. le baron Thénard resta dans cette ville pour essayer l'action du sulfure de carbone. Les expériences qu'il a faites ont été publiées. Voici les résultats qu'elles ont donnés : 1500 kilog. de sulfure de carbone par hectare tuent l'insecte et la vigne, 300 kilog. épargnent la vigne et ne tuent qu'une partie des pucerons, mais, quoique très-énergique, l'action du sulfure de carbone n'est pas assez soutenue, les œufs résistent et donnent naissance à de jeunes insectes qui peuvent se développer sans être incommodés par l'action du toxique employé. M. le baron Thénard se propose de substituer, désormais, au sulfure de carbone, les alcalis de la houille, qui sont très-vénéneux pour les animaux.

6° Il nous reste à dire quelques mots des engrais alcalins essayés par M. Faucon et des arrosages dont il a été tant parlé dans ces derniers temps.

Nous avons déjà dit que la Commission avait vu au mas de Fabre, situé dans la commune de Gravéson, une vigne de 8 hectares très-compromise à ses deux extrémités, et contenant dans sa partie centrale un demi-hectare environ, complétement préservé des atteintes de la maladie. La terre de cette zone préservée a été analysée une première fois à Tarascon, par les soins de M. Faucon, et une deuxième fois à Montpellier, par MM. Béchamp, Jeanjean et Lutrand; on a toujours trouvé qu'elle contenait du chlorure de sodium et différents sels. M. Faucon a eu dès lors l'idée d'employer à haute dose et sur une très-grande échelle l'engrais alcalin sulfatisé de l'étang de Berre, composé de sulfate de potasse, de sulfate de soude, de sulfate de magnésie, de sel et d'eau ; il a fait encore usage d'un autre engrais alcalin composé de sulfate de potasse, de sulfate de magnésie et de chlorure de sodium ; il accompagne l'emploi de ces substances d'abondantes irrigations, qu'il porte à 50 et même à 100 litres par souche, soit de 250 à 500 mètres cubes d'eau par hectare. Faut-il attribuer les bons résultats qu'il a obtenus à ses engrais alcalins ou à ses irrigations? M. Faucon est du reste grand partisan des irrigations. D'autres expérimentateurs, au contraire, ne croient pas à leur efficacité. On n'a peut-être pas assez distingué entre l'irrigation pure et simple et la submersion, entre les arrosages d'été et les arrosages d'hiver! M. Faucon ne préconise que les arrosages répétés et poussés, jusqu'à la complète submersion du sol [1].

Tels sont les principaux moyens qui ont été employés jusqu'à ce jour pour combattre le Phylloxera. Aucun d'eux n'a donné des résultats assez décisifs pour passer définitivement dans la pratique ; en trouvera-t-on de plus actifs? Parviendra-t-on, ce qui est très-possible, à tirer meilleur parti de ceux qu'on a déjà essayés [2] ? C'est le

---

[1] M. Faucon se livre dans ce moment à des expériences sur les effets de l'inondation du sol qui permettent d'espérer que cette question sera bientôt résolue.

[2] Depuis que la Commission a fait sa tournée, un expérimentateur sérieux, M. H. Léenhardt, a beaucoup préconisé l'emploi et

secret de l'avenir. Tout ce qu'on peut dire pour le moment, c'est que l'efficacité du remède qu'on cherche et qu'on trouvera sans doute un jour ne dépend pas seulement de la qualité, de la nature même des substances employées. Le mode d'emploi et le moment de l'application seront toujours d'une très-grande importance. Les substances capables de tuer les pucerons sont très-nombreuses. Mais pour qu'elles aient la force d'agir, il faut qu'elles puissent pénétrer dans l'intérieur du sol à 30, 40, 50 centimètres de profondeur, quelquefois même au delà [1]. Or, la terre est un filtre très-énergique qui retient dans les couches supérieures du sol la plupart des matières qui ne sont pas complétement dissoutes par l'eau. Elle décompose un grand nombre de corps, elle en sature beaucoup d'autres et les rend inertes.

les effets de l'acide carbolique. Voici ce qu'il en a dit lui-même :
« 1º L'acide carbolique est un acide phénique impur, à 1 fr. 50 c.
» le kilo ;
» 2º Étant très-actif, il en faut très-peu, soit de 1/2 à 1 p. 100,
» suivant l'âge des vignes, et 5 à 10 litres d'eau carbolisée à 1/2
» ou à 1 p. 100 suffisent pour tuer les pucerons ;
» 3º Ces 10 litres doivent être, de préférence, répandus en deux
» fois autour de la souche et après que la terre a été légèrement
» aérée à la bêche ou à la fourche ;
» 4º L'acide carbolique, étant un peu plus lourd que l'eau, offre
» cet avantage qu'il s'introduit dans la terre avec une facilité que
» les liquides plus légers que l'eau, comme le pétrole, n'offrent
» pas. »
Il faut attendre que l'expérience se soit prononcée sur la valeur de ce moyen curatif.

[1] L'année dernière M. Marès avait trouvé le puceron à 60 centimètres de profondeur. M. Raspail l'a trouvé cette année à 1 mètre 75 centimètres.

D'après ce que nous venons de dire, les substances dissoutes dans l'eau sembleraient préférables aux autres. Mais dès qu'il faut porter, dans des pays très-secs, 10 litres d'eau au pied de chaque souche, on rencontre des difficultés pratiques et des frais de main-d'œuvre très-considérables. On peut se rejeter, il est vrai, sur des substances solides et susceptibles d'être dissoutes et entraînées par les eaux pluviales dans l'intérieur du sol, mais les pluies sont rares dans le Midi, surtout en été, époque pendant laquelle il faudrait peut-être agir.

Telles sont les difficultés qu'il faudra résoudre pour trouver le véritable remède de la maladie de la vigne. On peut toutefois faire dès aujourd'hui quelques recommandations aux viticulteurs qui essaient différents modes de traitement. Quelles que soient les substances qu'ils emploieront, ils devront les appliquer à leurs vignes avant qu'elles soient trop malades, car il arrive un moment où rien ne peut plus agir. Ils devront encore, quelle que soit la matière dont ils feront usage, ne pas trop la concentrer autour du pied de la vigne. Le déchaussage est une excellente chose, car il découvre une partie des racines et permet de placer le remède le plus près possible du mal; mais il a l'inconvénient d'obliger ceux qui le pratiquent à accumuler tous les moyens d'action dont ils disposent sur un même point. L'ennemi qui attaque la vigne est partout, il faut que les éléments destinés à le combattre soient disséminés et répandus partout comme lui.

Pendant que les viticulteurs alarmés se livrent à des expériences coûteuses, difficiles et jusqu'ici infructueuses, quelques esprits confiants, dont on ne saurait, du reste, méconnaître la valeur, espèrent que la maladie n'aura qu'un temps et que le puceron s'éloignera un jour, comme tant d'autres insectes nuisibles l'ont déjà fait, après avoir causé beaucoup de mal. Cette pensée ne serait, dans tous les cas, qu'à demi-consolante. S'il y a quelques insectes qui disparaissent (ceux-là reviennent presque toujours), il y en a beaucoup plus qui ne disparaissent pas. Les agriculteurs ont, du reste, sous les yeux deux exemples peu encourageants, l'oïdium et la maladie des vers à soie. Bien des années se sont écoulées depuis l'apparition de ces deux fléaux, et aucune amélioration sensible ne s'est encore manifestée, ni dans leur intensité ni dans leur mode d'action.

D'autres personnes versées dans l'étude de l'entomologie nourrissent un autre genre d'espoir. On a vu en Allemagne de vastes forêts subitement débarrassées des parasites qui les dévoraient, par des insectes carnassiers; on voit tous les jours des pucerons, des animaux appartenant à des groupes voisins, et, d'après MM. Planchon et Lichtenstein, le Phylloxera du chêne lui-même, arrêtés dans leur multiplication par d'autres insectes qui les dévorent. Pourquoi, disent-elles, n'en serait-il pas de même pour la vigne et pour son parasite? Nous serions vraiment trop heureux si la nature se chargeait du soin de guérir elle-même les maux qu'elle nous a causés. Prêts à accepter avec reconnaissance ce secours providentiel, s'il nous est envoyé, nous devons pour le moment ne compter que sur nous-mêmes et ne pas nous lasser d'observer et d'expérimenter; c'est la voie la meilleure, nous dirons même que c'est la seule qui conduise avec certitude au succès.

Bien que les moyens curatifs si ardemment désirés ne soient pas encore trouvés, bien que les difficultés à surmonter soient encore très-grandes, il ne faut pas désespérer, il ne faut pas surtout se laisser aller, comme on le fait quelquefois, à des sentiments d'impatience qui ne sont ni justes ni utiles. Le problème dont on cherche la solution est vraiment difficile, car l'ennemi qu'il faut combattre est en nombre infini, il vit sous terre et pénètre jusqu'à 1 mètre 75 centimètres de profondeur ; les surfaces envahies sont immenses et s'accroissent sans cesse ; et, d'un autre côté, les frais que l'on peut faire pour le défendre sont nécessairement limités par la valeur des produits, qui n'est pas très-élevée. Il ne faut pas, d'ailleurs, oublier qu'on discutait encore, hier, sur les causes de la maladie de la vigne, et qu'il est fort difficile de trouver le remède quand on n'est pas d'accord sur la nature du mal.

La Commission aime à penser que cette période de discussion et de doute a fini pour toujours et que ses travaux contribueront pour une bonne part à fixer définitivement les esprits sur les points fondamentaux qu'il fallait d'abord connaître : la cause et la nature du mal, sa marche et son caractère. Ces questions une fois résolues, les mœurs, les conditions biologiques et les modes de propagation du Phylloxera étant bien déterminées, la solution du problème cherché deviendra naturellement plus facile.

La Commission, obligée de se déplacer sans cesse

pour visiter tant de lieux différents, n'a pas pu instituer des expériences qui demandent de la patience, et beaucoup de temps; mais elle s'est informée avec soin de tous les essais qui ont été faits, elle a donné, quand l'occasion s'en est présentée, des indications utiles et de bons conseils. Quelques-uns de ses membres ont fait déjà des expériences importantes, d'autres en préparent de nouvelles. Beaucoup d'hommes instruits, intelligents et dévoués, travaillent, de leur côté, avec ardeur. L'année 1869 a fait avancer d'un grand pas la question de la maladie de la vigne, si l'année 1870 est aussi féconde, il est permis d'espérer que les populations agricoles qui souffrent verront la fin de leurs maux dans un avenir très-prochain.

L. VIALLA, *Rapporteur*.

NOTES ENTOMOLOGIQUES

SUR

LE PHYLLOXERA VASTATRIX

Pour faire suite au Rapport de M. Vialla

PAR MM. J.-E. PLANCHON ET J. LICHTENSTEIN

Les observations suivantes, dégagées autant que possible de développements trop techniques, ont pour but de compléter, par l'exposé des caractères et des mœurs du puceron de la vigne, l'étude de ses ravages que M. Vialla vient de résumer au point de vue agricole.

Le genre *Phylloxera* appartient à l'ordre des Hémiptères, et plus particulièrement au sous-ordre des *Homoptères*, dont les Cigales, les Pucerons et les Cochenilles sont les représentants les plus connus. Il constitue du reste, à lui seul, une petite famille qu'on pourrait nommer des *Phylloxérées*, et qui forme la transition entre les Pucerons ou Aphidiens et les Cochenilles ou Coccidées.

Ses rapports avec les Pucerons s'établissent par le genre *Chermes* de Linné *(Chermes Abietis, L., et affines)* dont Ratzeburg fait une Coccidée, tandis que la plupart des auteurs le rangent entre les Aphidiens. Sa transition aux Cochenilles se fait surtout par le *Coccus adonidum* de Linné, ou Cochenilles des serres, devenu pour Costa et Adolphe Targioni-Tozzetti le type du genre *Dactylopius*.

La discussion de ces affinités du *Phylloxera* exigerait, du reste, des détails qui pourraient sembler ici déplacés. Constatons seulement que les rapports du *Phylloxera* avec les Pucerons souterrains du genre *Rhizobius* sont plus apparents que réels, la similitude des conditions d'existence entraînant, là comme ailleurs, des ressemblances superficielles que démentent les caractères plus profonds.

Voici, du reste, sous forme succincte, les caractères du genre *Phylloxera* :

Femelles aptères ou ailées. Mâles inconnus.

Forme aptère, souterraine ou aérienne, s'enfermant parfois dans des galles bursiformes des feuilles, toujours ovipare, à plusieurs générations successives dans le courant de l'année.

Antennes à trois articles, les deux premiers courts, le troisième plus allongé et plus gros, obliquement tronqué (comme taillé en bec de plume), portant sur la troncature une sorte de chaton ou noyau lisse, d'ailleurs finement annelé par des rides transversales.

Taches pigmentaires simulant des yeux des deux côtés de la tête, au-dessous de l'insertion des antennes.

Rostre ou suçoir placé, comme celui des Cochenilles, en dessous du corps, presque entre les pattes antérieures, renfermant, dans un étui à trois articles, trois soies[1]: extensibles et protractiles, qui constituent l'appareil actif de la succion.

Pas de traces de cornicules ni de pores excréteurs sur l'abdomen.

Jeunes relativement agiles, palpant le plan de progression au moyen de leurs antennes alternativement abaissées, vaguant quelque temps avant de se fixer à la place qui leur convient, bientôt immobiles, appliqués contre l'écorce ou la feuille nourricière, passant graduellement à l'état de mères pondeuses. Celles-ci peuvent, du reste, changer de place, bien que leurs mouvements soient plus lents que ceux des jeunes.

Nymphes des femelles ailées, tantôt fixes, tantôt vagabondes, remarquables par leur forme plus étranglée dans le milieu, par leur corselet à segments et bosselures plus accusés, et surtout par les fourreaux d'ailes qui, de chaque côté de leur corps, forment comme deux petites languettes triangulaires.

Femelles ailées représentant d'élégants petits mou-

---

[1] L'analogie avec les hémiptères et la plupart des homoptères ferait supposer l'existence de quatre soies au suçoir; mais tous nos efforts n'ont pu nous en faire découvrir plus de trois dans le genre *Phylloxera*. M. Donnadieu, très-habile aux dissections délicates, n'a compté non plus que trois soies. Du reste, on voit ces organes, soit à l'état plein dans l'insecte vivant, soit à l'état d'enveloppes tubulaires sur la dépouille que l'insecte laisse après chaque mue. La soie du milieu est manifestement plus aplatie et plus large que les deux latérales : elle représente peut-être les deux mâchoires soudées en une, comme les latérales représenteraient des mandibules sétiformes.

cherons dont les quatre ailes sont horizontalement croisées sur le corps.

Ailes supérieures cunéiformes-obovales.

Nervure radiale confondue avec le bord externe de l'aile ; une nervure cubitale aboutissant à un point épais allongé. Une nervure oblique se détachant de la cubitale en avant du point épais et n'atteignant pas le bord de l'aile. Deux nervules partant du bout arrondi de l'aile et disparaissant avant d'avoir rejoint la première nervure oblique.

Ailes inférieures, petites, étroites, un peu rhomboïdales, à une seule nervure parallèle au bord externe.

Antennes (de la femelle ailée) plus grêles que celles de l'aptère, à trois articles (abstraction faite d'un tubercule basilaire). Premier article court, obconique ; deuxième article plus long, claviforme, lisse, portant sur une partie de sa longueur une sorte de chaton lenticulaire ; troisième article allongé, finement ridé d'annulations, portant près de sa pointe, dans une légère dépression linéaire, un chaton lisse plus ou moins saillant.

Deux yeux relativement gros, saillants, un peu relevés en pointe conique sur leur milieu, à granulations (non à facettes) assez grosses, portant chacune une dépression punctiforme dans son milieu.

Le signalement générique qui précède est surtout fondé sur l'étude directe et très-attentive que nous avons faite du *Phylloxera quercus* de Boyer de Fonscolombe et du *Phylloxera vastatrix* de la vigne. C'est à dessein que nous ajournons toute réflexion sur les espèces américaines ou européennes de ce genre décrites par M. Asa Fitch, de New-York, ou par notre savant confrère M. le docteur Signoret, dont les conseils nous ont été si utiles pour la détermination de ce genre. Notons seulement qu'une des espèces américaines (*Phylloxera caryæ albæ*, Signoret, — *Pemphigus caryæ albæ*, Fitch) produit, sur les feuilles du pacanier ou noyer blanc, des galles peut-être analogues à celles que nous décrirons chez la vigne, comme produites, suivant toute probabilité, par notre *Phylloxera vastatrix*.

Pour en venir à ce dernier, objet principal de la présente étude, l'ordre le plus naturel à suivre sera, ce nous semble, de le prendre *ab ovo*, c'est-à-dire littéralement à partir de l'œuf, et de le suivre dans toutes les phases de son évolution.

OEufs. — Les Aphidiens par excellence, vivipares pendant toute la période d'été par générations successives de femelles non fécondées, ne deviennent ovipares que dans la période tardive des mois d'automne, après l'apparition des mâles. Encore même cette ponte (par opposition aux parturitions estivales) n'est-elle pas un fait nécessaire ; car le séjour dans un lieu chauffé, dans une serre, dans une chambre d'étude, dans les endroits abrités d'une région naturellement chaude ou tempérée, suffit pour faire continuer d'un été à l'autre ces générations de femelles vierges dont on pourrait justement dire : *Prolem sine patre creatam*.

En tout cas, lorsque les Aphidiens ordinaires font des œufs, ils n'en pondent qu'une fois dans la même année ;

les Cochenilles elles-mêmes, à peu près toujours ovipares [1], ne font qu'une ponte par an ; les *Chermes*, très-voisins, à notre avis, des *Phylloxera*, ont probablement deux pontes. Le *Phylloxera* de la vigne et celui du chêne (pour ne parler que de ceux à nous connus) comptent des pontes successives, en nombre encore indéterminé.

Ces pontes, chez le *Phylloxera vastatrix*, commencent dès le premier printemps, au moins chez les individus gardés en bocal dans une chambre non chauffée. Une femelle aptère avait déjà pondu deux œufs le 15 février 1869. Une autre avait un œuf seulement le 18. Trois jours après, le 21 du même mois, cette dernière femelle avait deux œufs [2] ; le 23 elle en avait trois, le 25 quatre, le 27 cinq, le 28 six, le 2 Mars sept, le 6 huit. L'observation s'est arrêtée là par suite de la mort accidentelle de la mère. Nous la donnons comme preuve que, sous une température moyenne encore basse, les œufs se succèdent chez la même pondeuse de deux en deux jours.

Le nombre des générations qui, sorties d'une première femelle, se succèdent depuis les premiers jours

---

[1] Nous ne connaissons d'exception à cette règle que chez un *Diaspis* encore inédit (*Diaspis vivipara*, Planch. msc.), qui vit sur le *Sedum altissimum* (L.).

[2] Les heures d'observations ont été notées, mais nous ne croyons pas devoir transcrire minutieusement ces détails, parce que, si la précision générale est une qualité, trop de précision donne aux faits par eux-mêmes un peu variables une apparence de régularité qui fait illusion et qui en dénature la réalité.

du printemps méridional (15 mars) jusqu'aux premiers froids de l'hiver (commencement de novembre), ce nombre est encore indéterminé; mais il ne saurait être, en général, de moins de huit pontes, car nous estimons à un mois, en moyenne, le temps qu'il faut à chaque génération pour être pondue, éclore, muer trois ou quatre fois et commencer une génération nouvelle. Cet intervalle est naturellement plus long pendant les mois de premier printemps, plus court pendant les mois chauds, et de nouveau plus long dans les mois d'automne.

Mais la cause qui semble le plus influer sur la rapidité d'évolution des *Phylloxera* d'une génération donnée, c'est l'abondance plus ou moins grande de la nourriture. Fixés sur des racines succulentes, par exemple, sur les radicelles adventives encore jeunes et renflées en nodosités, les insectes grossissent plus vite, prennent une teinte verdâtre clair, muent à de plus courts intervalles et pondent avec plus de fréquence. Attachés, au contraire, à des racines affaiblies ou plus ou moins desséchées ou gagnées par la moisissure, les *Phylloxera* languissent, prennent une teinte fauve sale, grossissent à peine et n'arrivent que lentement à l'état adulte, que caractérise la faculté de pondre.

Quant au nombre d'œufs qu'une même femelle peut produire, il varie aussi suivant les circonstances. Dans le corps écrasé d'une mère sur le point de pondre, nous avons vu l'ovaire avec vingt-sept œufs à divers degrés d'évolution. Trente œufs sont le *maximum* de ponte que nous ayons observé chez une femelle, du 15 au 24 août

1868, ce qui donne une moyenne de cinq œufs par jour dans une période chaude de l'année.

En prenant approximativement le chiffre vingt comme une moyenne raisonnable quant au nombre d'œufs, et le chiffre huit comme celui des pontes possibles, entre le 15 mars et le 15 octobre, on trouverait par le calcul cette progression effrayante du nombre croissant des individus ayant pour point d'origine une seule femelle : en mars, 20 ; en avril, 400 ; en mai, 8,000 ; en juin, 160,000 ; en juillet, 3,200,000 ; en août, 64,000,000 ; en septembre, 1,280,000,000 ; en octobre, 25,600,000,000, — c'est-à-dire, en définitive, plus de 25 milliards.

Il est vrai que de pareils calculs ne doivent être acceptés qu'avec prudence, comme bien d'autres résultats de statistique dans lesquels il n'est pas tenu compte des déchets inévitables par les mille accidents auxquels les êtres sont exposés. Ici, nous regardons moins aux chiffres en eux-mêmes qu'à la progression géométrique de l'accroissement des insectes destructeurs. Cette progression explique très-bien comment des ravages à peine perceptibles au printemps, encore contenus en été, deviennent un vrai désastre à l'automne.

Du reste, la ponte d'octobre doit être singulièrement subordonnée à l'état de la température pendant ce mois. Des froids précoces doivent la restreindre, bien que le sol longtemps échauffé par les chaleurs de l'été ne perde que lentement, sous notre climat, la somme accumulée de son calorique.

La date la plus tardive où nous ayons noté des œufs

chez une femelle en captivité est le 26 novembre 1868. Il y en avait quatre d'un brun clair, comme ceux qui sont près d'éclore, mais nous ne les avons pas vus donner des jeunes. Si quelques œufs égarés restent çà et là pendant l'hiver, ce doit être une très-rare exception. Car, au contraire des pucerons ordinaires qui traversent d'habitude à l'état d'œuf les mois de forte gelée, c'est à l'état de jeune que le *Phylloxera* passe, plus ou moins engourdi, cette période hibernale.

Les œufs du *Phylloxera vastatrix* sont de petits ellipsoïdes allongés, longs d'environ 32 centièmes de millimètre sur 17 centièmes de millimètre de diamètre transversal. Groupés autour de la mère en petits tas irréguliers, ils sont d'abord jaune clair et deviennent après cinq ou six jours d'un jaune sale passant au gris terne. Sous leur première couleur, ils se détachent très-nettement sur le fond souvent brun de la racine, et font reconnaître aisément la présence des mères pondeuses.

Ces œufs ne doivent pas être confondus avec ceux de certains coléoptères du groupe des Méloïdes (Cantharides, Meloe, Sitaris), qui sont déposés en tas dans la terre, et desquels nous avons vu sortir ces petites larves si singulières connues sous le nom de *Triongulins*.

Hivernage du puceron. — La présomption la plus naturelle qui se présentait à l'esprit, c'est que le *Phylloxera vastatrix* devait traverser l'hiver à l'état d'œuf. L'observation positive a démontré le contraire en constatant l'absence à peu près totale d'œufs pendant cette période et la présence à l'état disséminé des jeunes de la dernière génération automnale. A partir des froids de novembre, les femelles adultes ont disparu, épuisées par leur dernière ponte et peut-être décimées par la température froide et humide. Les jeunes qui leur survivent, réfugiés, en petit nombre, dans les fissures de l'écorce, souvent cachés sous les lambeaux du périderme (couches corticales externes, d'apparence feuilletée), restent plus ou moins engourdis, immobiles, attachés par la trompe au tissu nourricier, mais ne prenant d'accroissement manifeste que sous l'influence des premières chaleurs du printemps. Leur couleur est rarement jaune clair; le plus souvent elle est fauve terne, comme l'est, en été, celle des individus mal nourris ou qui souffrent

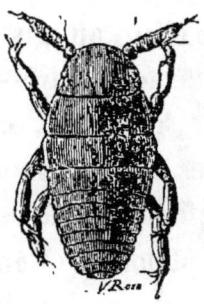

Fig. 1. — *Phylloxera* des racines de vigne, jeune, encore agile, vu par dessus.

Fig. 2. — Le même *Phylloxera*, vu par dessous.

d'une cause quelconque. Le 5 janvier 1869, nous avons vu un de ces jeunes, de teinte orangée, changer lentement de place, mais le plus souvent ils demeurent engourdis et sédentaires jusque vers le milieu de février, époque où quelques-uns, déjà devenus adultes, passent à l'état de mères pondeuses. Mais ces pontes précoces sont exceptionnelles, et le réveil d'activité des insectes coïncide très-probablement avec la reprise de la végétation souterraine de la vigne, manifestée au dehors par le phénomène des pleurs [1].

Il ne faudrait pas croire, du reste, que tous les individus indifféremment grossissent et deviennent aptes à pondre dans un temps donné. Un très-grand nombre restent comme atrophiés des mois entiers, prenant alors la teinte fauve qui caractérise l'état de souffrance de l'insecte. C'est probablement aux conditions imparfaites

---

[1] Extrait du journal d'observations, article de l'hivernage du Puceron en captivité, c'est-à-dire placé dans des bocaux tenus dans une pièce non éclairée et non chauffée :

« 26 novembre 1868. Une femelle adulte avec 4 œufs brun clair (signe de prochaine éclosion).....

» 22 décembre 1868. Plus d'œufs, ni de femelle adulte. Beaucoup de jeunes, la plupart jaunes, quelques-uns fauves, tous bien vivants, mais n'ayant pas sensiblement grossi depuis près d'un mois.

» 5 janvier 1869. Rien de saillant. Les Pucerons semblent avoir un peu grossi depuis le 22 décembre dernier. *Un individu (de couleur orangée) change de place.*

» 13 février 1869. Rien de notablement changé depuis le 5 janvier précédent. Pucerons en général immobiles. Observation interrompue. »

Autre observation :

« 5 janvier 1869. Pucerons jeunes immobiles.

» 13 février 1869. Cinq pucerons ont abandonné le point où ils étaient fixés pour aller se fixer sur un tronçon de racine fraîche. »

Autre observation :

« 12 octobre 1868. Femelles adultes et œufs jaune clair sur les mamelons charnus qui se sont développés sur les plaies d'un tronçon de racine, *depuis le 6 septembre dernier.* Supprimé à dessein aujourd'hui quelques vieux tronçons de sarment ou de racine sur

de nutrition qu'est dû cet arrêt dans leur développement. Quelques-uns changent de place et, trouvant de meilleures conditions de subsistance, arrivent rapidement à l'état de mère adulte et pondeuse.

Femelles aptères adultes des racines. — Les dimensions de l'insecte sous cet état définitif sont d'environ 3|4 de millimètre de longueur sur un peu plus de 1|2 millimètre de largeur. La forme est tantôt largement ovoïde, tantôt ovoïde avec la partie postérieure plus ou moins conique, ce qui lui donne l'apparence turbinée ou en toupie. C'est surtout dans l'acte de la ponte ou dans les instants qui le précèdent que se produit cette élongation de l'abdomen. Les derniers anneaux de cette région du corps se déboîtent plus ou moins pour laisser échapper l'œuf, dont on suit aisément la sortie graduelle,

lesquels avaient porté les observations antérieures au 6 septembre. Jeté aussi le tronçon de sarment sur lequel s'était développée la racine adventive bientôt renflée en nodosité sous l'influence de la piqûre des Pucerons.

» 28 octobre 1868. Il y a toujours beaucoup *d'œufs*, quelques jeunes fixés, très-peu de femelles adultes.

» 26 novembre 1868. Plus de femelles adultes ni d'œufs; beaucoup de jeunes fixés et comme engourdis.

» 22 décembre 1868. Même état.

» 5 janvier 1869. Rien de changé.

» 2 février 1869. Pucerons abondants, notablement plus gros, presque tous immobiles. Il y en a un en train de changer de place.

» 21 février 1869. Pucerons bien portants. Aucun n'a commencé à pondre.

» 28 février 1869. On voit par transparence un œuf dans le corps d'une femelle adulte. Dans leur ensemble, les Pucerons ont manifestement grossi. »

et qui se colle légèrement sur le plan de position ou contre les œufs déjà déposés [1].

FIG. 3. — Femelle adulte du *Phylloxera* des racines de la vigne, vue en dessus et très-grossie.

[1] Le peu d'adhérence des œufs l'un à l'autre, leur chute facile au moindre choc, doivent rendre excessivement prudentes les personnes qui manieraient le *Phylloxera* dans une région non infectée. Pour notre part, nous avons toujours pris dans ces délicates manipulations des précautions excessives, brûlant soigneusement ou passant à la flamme les objets où les Pucerons auraient pu se trouver, n'examinant les insectes que par transparence dans les flacons et les tubes, ou bien plaçant sur une feuille de papier blanc les fragments de racines puceronnées, parcourant avec une forte loupe montée le champ entier sur lequel des Pucerons ou des œufs auraient pu tomber, et détruisant par écrasement ces germes dangereux d'infection possible.

C'est par des inflexions latérales de l'abdomen que la mère peut à la rigueur disséminer ses œufs autour d'elle, dans un rayon naturellement très-étroit ; mais elle peut également changer de place, soit par un mouvement de simple conversion dans son attitude, en tournant autour du même point, soit par une marche lente vers un nouveau point de repos.

Cette faculté de locomotion à courte distance se montre surtout chez quelques individus de forme particulière, en ce sens que, rebondis comme les femelles pondeuses, ils ont l'abdomen plus court, presque tronqué, les derniers anneaux étant plus rentrés l'un dans l'autre. Ces individus ne montrent jamais par transparence les œufs tout près d'être pondus que l'on voit au nombre de un à trois chez les femelles bien caractérisées. Leur couleur est presque toujours d'un jaune orange assez vif. Nous nous sommes plus d'une fois demandé si ce ne seraient pas des mâles à l'état de larve; car, pour être des mâles parfaits, il leur manque des organes caractéristiques, tant internes qu'extérieurs, et jamais nous n'avons saisi chez nos pucerons de la vigne aucun indice d'accouplement. Une supposition plus plausible nous ferait soupçonner en eux le premier état des *Phylloxera ailés,* si nous n'avions vu ces derniers commencer à prendre leurs attributs de nymphe (fourreaux d'ailes, corselet plus accusé) alors que leurs dimensions étaient plus petites que celles de nos individus problématiques. Ces derniers restent en somme à l'état d'énigme, mais nous croyons devoir les signaler dès à présent, en attendant d'avoir pu découvrir leur vraie signification, dans un groupe aussi étrangement polymorphe que les Aphidiens.

Nymphes. — On donne ce nom, chez les Hémiptères, à l'état transitoire des individus qui de la forme de larve aptère passent à l'état d'insectes ailés. Chez les individus les plus nombreux du *Phylloxera* de la vigne, cette distinction entre larve, nymphe et état parfait se fait par de simples mues (trois ou quatre?), sans être accusée au dehors par des caractères bien sensibles. Chez la forme ailée, les phases d'évolution sont plus distinctes, la nymphe accusant déjà par son corselet plus séparé de l'abdomen, par les petits appendices triangulaires qui constituent les fourreaux d'ailes, les traits ébauchés de l'élégant moucheron dont elle n'est que le masque. Nous n'avons aperçu ces nymphes qu'à partir du mois de juillet, mais elles doivent apparaître de meilleure heure, puisque dès le 15 juillet nous en avons vu sortir l'insecte parfait. Toujours peu nombreuses par rapport aux myriades d'insectes aptères, elles forment çà et là, sur les radicelles ou les racines, de petits groupes d'individus à des degrés d'évolution différents, fixées par la trompe au tissu nourricier de la racine tant que leur accroissement n'est pas complet, mais errantes et comme agitées lorsque, leur croissance terminée, elles vont se dépouiller de leur maillot et passer à l'état parfait d'insecte ailé.

Dans quel milieu se fait cette transformation de la nymphe? Est-ce dans la terre même, sur les racines plus ou moins profondes? Serait-ce plutôt à l'air libre, au pied du cep ou sur le sol? Question encore indécise, attendu que le phénomène n'a été vu que dans des flacons, hors des conditions de la vie normale du *Phylloxera* [1]; mais toutes les analogies sont pour la dernière hypothèse. Les allées et venues rapides de la nymphe cherchant à se transformer, la délicatesse des ailes qui doit redouter tout froissement, la nécessité d'un air sec pour donner à ces mêmes ailes leur consistance de gaze, l'exemple des Cigales qui laissent sur les troncs des arbres leurs dépouilles de nymphe souterraine, tout nous fait penser que la transformation du *Phylloxera* en insecte ailé se fait à l'air libre, tout en échappant à l'observation par l'extrême petitesse de la nymphe et de l'insecte parfait. Dans les flacons ou dans les tubes de verre, c'est tantôt sur la racine, tantôt sur la paroi même du verre que la transformation s'opère. Des nymphes, agiles la veille au soir, ont laissé dans la nuit, sur cette paroi, une enveloppe incolore et diaphane, reproduisant avec une merveilleuse fidélité leurs formes un peu massives, tandis que le moucheron sorti de cette prison membraneuse fait miroiter sous les rayons obliques de la lumière les reflets légèrement argentés de ses longues ailes.

[1] J'ai vu, il est vrai, un *Phylloxera* ailé dans une petite cavité de la terre compacte entourant des racines puceronnées que m'avait envoyées M. Faure, de Bédarrides; mais tout me porte à croire que l'insecte s'était réfugié là, après éclosion à l'air. D'autre part, M. Henri Leenhardt, de Sorgues, m'a communiqué un fragment de racine de vigne sur lequel il avait su découvrir un *Phylloxera* pourvu d'ailes; mais rien ne prouve que la transformation de l'individu n'ait pas eu lieu à l'air après extraction de la racine.

Quel est le point de départ de ces nymphes et, par suite, de l'insecte ailé? Naissent-elles, à une période, donnée, des insectes aptères ordinaires? Ont-elles pour mères primitives des individus aptères semblables aux autres en apparence, mais déjà prédisposés par quelques modifications organiques à donner des générations ailées? Les circonstances de nutrition, de milieu, sont-elles seules en cause pour expliquer l'apparition des nymphes destinées à prendre des ailes? Sur tous ces points les données positives manquent encore, et l'hypothèse n'a pas le droit de se substituer à l'observation.

Femelles ailées. — C'est la découverte de cette forme parfaite du Puceron de la vigne qui nous a permis de le rapporter avec certitude au genre *Phylloxera* de Boyer de Fonscolombe. Rien de plus semblable, en effet, sauf les différences de coloris et de mœurs, que le *Phylloxera quercus,* type primitif du genre, et le *Phylloxera vastatrix.* On dirait des ménechmes sous une livrée un peu différente. La couleur même est variable chez les *Phylloxera* ailés du chêne, les individus vus au mois de mai étant noirs et ceux de l'été et de l'automne plus ou moins rouges. Le *Phylloxera* de la vigne, observé dans les mois d'été et d'automne, a l'ensemble du

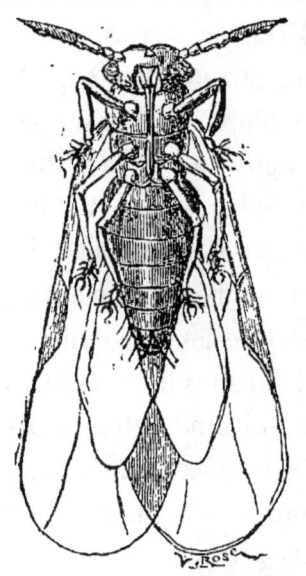

Fig. 4. — *Phylloxera vastatrix* ailé femelle, vu en dessous.

corps jaune pâle, avec une bande d'un brun très-clair occupant tout le demi-arc qui représente le dessous de la partie moyenne du corselet *(mesothorax)*, sur lequel s'insèrent les deux pattes intermédiaires. Ses ailes presque deux fois plus longues que le corps (nous voulons dire les deux ailes supérieures) sont incolores et diaphanes, sauf sur une légère étendue de leur bord externe qui constitue ce qu'on appelle *le point épais*, et qui, chez notre *Phylloxera*, présente une teinte brun clair. Dans le repos, les quatre ailes sont horizontalement croisées, au lieu de former toit comme chez le plus grand nombre des Aphidiens.

Le petit nombre de nervures de ces ailes exclut l'idée d'un vol puissant et soutenu. Dans le fait, nous avons vu le *Phylloxera* du chêne relever à la fois ses quatre ailes dans une direction presque verticale, les faire vibrer un petit nombre de fois, s'élever brusquement à près d'un centimètre de hauteur et retomber à quelques centimètres plus loin sur la table où se faisait l'observation. Plus prudent avec le *Phylloxera* de la vigne, nous n'avons pas osé lui laisser prendre un essor quelconque en dehors de sa prison de verre. Mais l'identité d'allures entre cette espèce et celle du chêne, la manière toute pareille de relever les ailes et de les faire vibrer, nous induisent à penser que le vol dans les deux espèces doit être de même nature, c'est-à-dire peu étendu par lui-même, mais très-apte à se faire aider par le vent pour le transport à grande distance. Ce fait, plutôt soupçonné que directement prouvé, trouve ses analogues bien établis dans l'exemple de l'encombrement des rues de Gand, en 1834, par des nuées de Pucerons verts du pêcher (*Aphis persicœ,* Morren), comme aussi dans l'espèce de neige produite, il y a quelques années, à Montpellier par les flocons cotonneux qui couvrent le corps d'un Puceron sorti des galles des feuilles du peuplier *(Pemphigus bursarius).*

Cette influence presque inévitable du vent sur la dispersion des *Phylloxera* ailés mérite d'être soigneusement étudiée, parce qu'elle peut rendre compte de la marche de l'invasion des vignobles dans telle direction donnée. Sans vouloir, en effet, avancer à cet égard rien de très-précis, n'est-ce pas une chose remarquable que l'extension en longueur prise par le fléau du *Phylloxera* dans le sens de la direction du cours du Rhône, région privilégiée du mistral? Il est vrai que l'extension s'est faite aussi dans le sens du courant inverse, c'est-à-dire vers la Drôme, en remontant la vallée du Rhône; qu'elle se fait aussi vers Nimes et vers l'Ardèche. Mais il y a dans ces derniers faits des remous de vent qui doivent être tenus en compte, sans qu'on cesse de mettre en première ligne l'action du vent dominant.

Si, du reste, tout le monde admet sans trop de contestation l'invasion de proche en proche par les insectes aptères, on se représente surtout la contagion à distance par le transport des mères ailées. Seulement, comme l'observation directe de ces migrations manque absolument, on en est réduit aux conjectures sur la façon dont les femelles ailées propagent le mal et répandent leur funeste progéniture.

Une de ces conjectures mérite en tout cas d'être soigneusement étudiée. C'est celle qui concerne la présence, dans certaines galles des feuilles de vigne, de *Phylloxera* tout pareils aux *Phylloxera* aptères des racines du même arbuste. C'est donc le lieu de résumer à cet égard une note que nous avons publiée, et de rendre à M. Laliman, de Bordeaux, la part de mérite qui lui revient dans cette intéressante découverte.

FIG. 5. — Fragment de feuille de vigne vu en dessus, pour montrer les orifices des galles à *Phylloxera*.

Phylloxera aptère des galles de feuilles de vigne. — Le 11 juillet dernier nous découvrions à Sorgues, dans une vigne de M. Henri Leenhardt, sur les feuilles de deux pieds de vigne, de nombreuses galles verruciformes, ouvertes à la face supérieure de la feuille par un orifice étroit, faisant saillie à la face inférieure des mêmes organes et recélant dans leur étroite cavité des *Phylloxera* femelles, entourées de quelques jeunes et de quelques œufs. Les femelles adultes étaient grosses, dodues, semblables d'ailleurs aux *Phylloxera* sans ailes des racines de la vigne et présentant comme ces derniers six rangées de tubercules sur leur corselet et leur abdomen. Les jeunes semblaient un peu plus agiles et pourvus de pattes un peu plus longues que les jeunes du *Phylloxera* des racines. L'idée qui nous traversa l'esprit fut que les mères pondeuses de ces galles pourraient bien être la progéniture directe des *Phylloxera vastatrix* ailés des racines, et que la génération de ces mères, c'est-à-dire les jeunes habitants des galles, pourrait bien sortir de ces logettes des feuilles pour aller recommencer

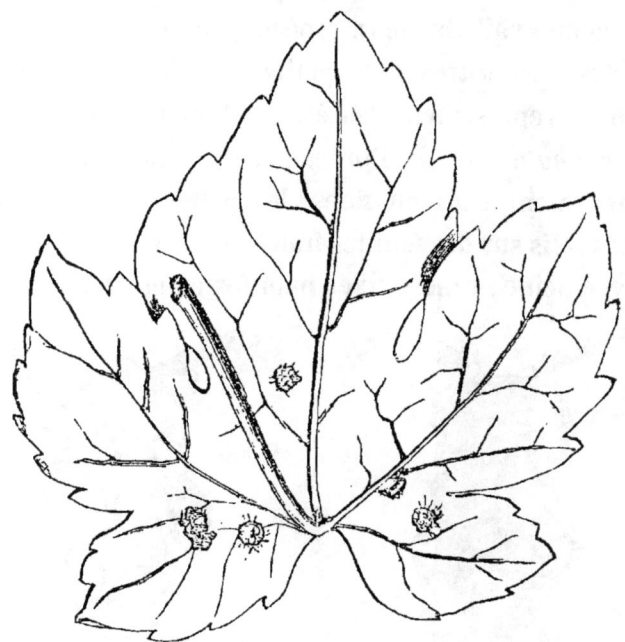

FIG. 6. — Feuille de vigne montrant sur sa face inférieure les galles verruciformes à *Phylloxera*.

sous terre des générations de dévoreurs des racines. Mais cette conjecture nous parut à nous-même trop hardie : exposée avec réserve à nos confrères de la commission de la Société des agriculteurs, elle fut accueillie avec une réserve plus grande encore. Heureuse donc fut notre surprise lorsque, vers les premiers jours du mois d'août, M. Laliman nous envoya de Bordeaux des galles en tout semblables à celles que nous avions

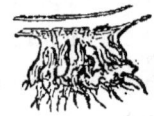

FIG. 7. — Galle à *Phylloxera* vue sur le côté.

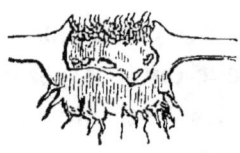

FIG. 8.— Coupe verticale de la galle à *Phylloxera*.

découvertes à Sorgues. M. Laliman avait très-bien vu que ces galles recélaient des *Phylloxera*. Il croyait même qu'il y en avait de deux espèces, les uns plus gros et torpides, les autres plus petits et agiles [1], tandis que les deux représentent des états différents du même.

Ces *Phylloxera* de Bordeaux, les jeunes du moins, s'échappaient par centaines des galles qui les avaient abrités. Mis sur des feuilles fraîches, ils ne s'y reposaient qu'avec peine, sans y fixer manifestement leur trompe.

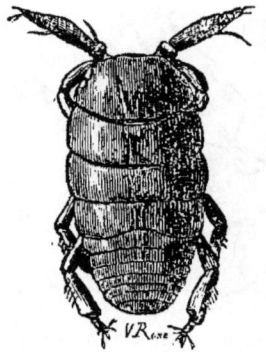 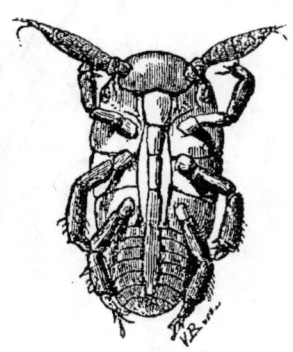

FIG. 9. — *Phylloxera* des galles des feuilles de vigne, jeune, vu en dessus.

FIG. 10. — Le même que le N° 9, vu en dessous.

Il fut à peu près évident pour nous qu'ils étaient en voie de migration, en quête d'une nourriture appropriée, et l'idée nous vint qu'ils pourraient vivre sur des racines de vigne. Expérience faite dans un tube de verre, nous en vîmes dès le second jour, 7 août 1869, se fixer en assez grand nombre, s'y conserver vivants (5 du moins) jusque vers le 10 septembre, dans des conditions de nutrition très-restreintes, qui ne leur ont pas permis d'arriver à l'état adulte, mais qui les ont fait assez

---

[1] Lettre de M. Laliman, en date du 30 juillet 1869.

grossir pour donner l'idée qu'ils doivent être sur les racines comme sur un aliment naturel. Répétée par M. Laliman à Bordeaux, peut-être spontanément, peut-être d'après nos indications, l'expérience a donné les mêmes résultats positifs.

Revenant alors à nos soupçons primitifs sur la signification réelle des galles observées à Sorgues, et rapprochant les deux faits de Sorgues et de Bordeaux, nous avons imaginé, sous toutes réserves, que le *Phylloxera* gallicole n'est qu'un état transitoire du *Phylloxera* radicicole, un terme de la migration du *Phylloxera vastatrix*. M. Laliman a depuis exprimé la même opinion sans l'entourer des mêmes réserves. Il partage, ce nous semble, avec nous le mérite de la découverte, et, comme nous, dès le premier jour il a compris l'intérêt qu'il y aurait à supprimer, en les ramassant et les brûlant, ces feuilles de vignes infectées de galles à *Phylloxera*.

Ajoutons que M. Laliman a retrouvé dans les galles *Phylloxera* de Bordeaux un petit insecte qui, d'après la description incomplète qu'il nous en a donnée par lettre, est probablement le même qu'une petite punaise blanche, mangeuse presque indubitable de *Phylloxera*, auprès desquels nous l'avions vue aussi le 11 juillet dans les vignes de M. Henri Léenhardt.

En supposant admise, du reste, l'identité spécifique des *Phylloxera* des racines et des *Phylloxera* des galles, il resterait à déterminer sous quelle influence se forment les galles verruciformes des feuilles de vigne. Sont-elles le résultat de la piqûre des femelles ailées sorties de terre? La femelle en question pond-elle des œufs, d'où sortirait la première génération d'insectes aptères qui, piquant les feuilles, y détermineraient la formation des galles?

En tout cas, chaque galle ne renferme qu'un très-petit nombre de mères pondeuses (1 à 3), tandis que les jeunes issus de ces mères et qui désertent les galles sont parfois au nombre de 100. Or, chaque femelle ailée de *Phylloxera* des racines ne renferme dans son abdomen qu'un à trois œufs, et nous supposons, d'après l'examen de l'ovaire sous le microscope, que, ces œufs une fois pondus, la femelle n'en fait pas de nouveaux.

Ce rapport entre le nombre d'œufs des *Phylloxera vastatrix* ailés des racines et le nombre restreint des femelles pondeuses des galles mérite d'être noté. C'est une présomption favorable à l'identité des deux types.

Dans un article, d'ailleurs intéressant, que publie le *Courrier du Gard* du 29 septembre 1869, M. Anez, de Tarascon, rappelle que, à la date du 26 août 1868, il a signalé, comme germe fatal de la maladie des vignes, des œufs découverts par lui sur les *rameaux* de cet arbuste, et qu'il a supposés être ceux du *Phylloxera*.

Un mémoire dont M. Anez voulut bien nous donner copie le 31 août 1868, parle, en effet, de la ressemblance complète de ces œufs avec ceux du *Phylloxera*; mais comme il s'agit d'œufs déposés dans une *érosion* d'un *cep* de vigne, nous n'oserions pas affirmer sans autre preuve que ce soient bien des œufs de *Phylloxera*, et surtout qu'ils soient les mêmes que les œufs observés dans les galles des feuilles de vignes de Sorgues et de Bordeaux. Donnons acte de son observation à M. Anez;

engageons-le à retrouver les œufs observés l'année dernière, et, si c'est bien là vraiment une ponte de *Phylloxera*, la science lui devra la découverte d'une des phases intéressantes de la propagation de l'ennemi de nos vignobles.

On a pu voir, par l'exposé qui précède, combien de lacunes restent à combler dans l'histoire des mœurs du *Phylloxera*. Quelques faits sont bien établis néanmoins : son existence à l'état aptère ou ailé ; son hivernage à l'état de jeune engourdi ; la fréquence de ses pontes souterraines ; sa multiplication prodigieuse aux mois d'automne, concordant avec l'augmentation de ses ravages, en cette saison tardive ; son activité dans les premières périodes de sa vie ; sa torpeur pendant la période de ponte. Un jour encore douteux commence à se faire sur son mode de vie et de propagation à l'air libre. L'obscurité la plus complète couvre son mode de fécondation, en supposant que cette intervention des mâles soit nécessaire, au moins pour renouveler de loin en loin la polificité des femelles vierges.

Le premier plan de cette notice devait comprendre deux autres objets : l'un en grande partie botanique, l'étude des altérations produites sur les racines ou les feuilles par l'action des *Phylloxera* ; l'autre tout entomologique, l'étude des ennemis naturels du même insecte. Mais le désir de pousser plus avant nos investigations sur ces deux sujets et la crainte de donner à cet appendice une longueur démesurée nous engagent à réserver pour des publications ultérieures et spéciales ces points importants de notre étude. En matière aussi difficile, l'on gagne toujours à réfléchir, à revoir les faits, à en découvrir de nouveaux, avant de prendre la plume pour exposer le peu qu'on sait. Nous ne l'avons prise cette fois que pour résumer les faits acquis : puissions-nous la reprendre l'an prochain avec plus de connaissances positives, et surtout avec plus de motifs encore pour appuyer notre conviction profonde que, la cause du mal étant connue, le remède ne tardera pas à l'être !

Montpellier. — Typographie de Pierre GROLLIER, rue du

www.ingramcontent.com/pod-product-compliance
Lightning Source LLC
LaVergne TN
LVHW050651090426
835512LV00007B/1153